全新知识大揭秘

神奇大自然

李方正◎编写

U0363923

吉林出版集团股份有限公司
全国百佳图书出版单位

图书在版编目（CIP）数据

神奇大自然 / 李方正编. —— 长春：吉林出版集团
股份有限公司, 2019.11（2023.7重印）
（全新知识大揭秘）
ISBN 978-7-5581-6286-2

Ⅰ.①神… Ⅱ.①李… Ⅲ.①自然灾害–少儿读物
Ⅳ.①X43–49

中国版本图书馆CIP数据核字（2019）第003236号

神奇大自然
SHENQI DA ZIRAN

编　　写	李方正	
策　　划	曹　恒	
责任编辑	林　丽　黄　群	
封面设计	吕宜昌	
开　　本	710mm×1000mm　1/16	
字　　数	100千	
印　　张	10	
版　　次	2019年12月第1版	
印　　次	2023年7月第2次印刷	

出　　版	吉林出版集团股份有限公司
发　　行	吉林出版集团股份有限公司
地　　址	吉林省长春市福祉大路5788号
	邮编：130000
电　　话	0431-81629968
邮　　箱	11915286@qq.com
印　　刷	三河市金兆印刷装订有限公司

书　　号	ISBN 978-7-5581-6286-2
定　　价	45.80元

在20世纪50—60年代，西方一些工业发达的国家频频发生公害事件，震惊了全世界。越来越多的人感到生活在一个缺乏安全的环境中。

1962年，美国女生物学家蕾切尔·卡逊出版了一本书，名叫《寂静的春天》。书中详细描述了滥用化学农药造成的生态破坏："神秘莫测的疾病袭击了成群的小鸡，牛羊病倒和死亡……孩子在玩耍时突然倒下了，并在几小时内死去……仅能见到的几只鸟儿也奄奄一息……这是一个没有声息的春天。"这本书引起了全世界的强烈反响。人们惊恐地发现，短暂的几十年时间，工业的发展已把人类带进了一个被毒化了的环境中，而且环境污染造成的损害是全面的、长期的、严重的。人类开始认识到保护环境的重要性。20世纪60年代起，工业发达的国家兴起了要求政府采取措施解决环境问题的"环境保护运动"。

1970年4月22日，在一些国会议员、社会名流和环境保护工作者的组织和带领下，美国1万所中小学、2000所高等学校以及全国各大团体共2000多万人，举行了声势浩大的集会、游行等宣传活动，要求政府采取措施保护环境。这项活动的影响迅速扩大到全球，于是4月22日成了世界环境保护史上的重要一天——"地球日"。

前言 QIANYAN

在"地球日"活动的影响下，1972年6月5日，联合国人类与环境会议在瑞典斯德哥尔摩召开，会议提出了一个响彻世界的口号，"只有一个地球"，还发表了著名的《人类环境宣言》。《人类环境宣言》提出7个共同观点和26项共同原则，引导和鼓励全世界人民保护和改善人类环境。会议建议，将这次大会的开幕日定为"世界环境日"。"世界环境日"象征着人类环境向更美好的阶段发展。它正确反映了世界各国人民对环境问题的认识和态度。

1973年1月，联合国大会根据人类环境会议的决议，成立了联合国环境规划署，设立环境规划理事会和环境基金。

环境科学不但研究环境质量的基础理论，还重点研究环境质量控制与治理、环境监测与环境分析等。就全世界而言，自然灾害分布之广泛，程度之严重，类型之众多，频度之高，强度之大，都是触目惊心的。人类与大自然的和谐相处受到威胁。

MULU 目录

第一章　自然灾害的预测预报

2　小天体将至怎么办
4　人类能预报火山爆发
6　地震的类型
8　地震的震级和烈度
10　地震监测和预报
12　滑坡发生的原因（内因）
14　滑坡发生的原因（外因）
16　滑坡的防治
18　泥石流的形成条件

20　泥石流的防治
22　保护臭氧层
24　大气污染的综合治理
26　水俣病揭秘
28　水是工业的血液
30　水是农业的命脉
32　水污染的防治
34　地球上最大的淡水库——冰川

第二章　各种资源的环境保护

38　中国的环境保护
40　土壤——黑色生物王国
42　防止土壤流失
44　土壤的保护

目 录 MULU

46 湿地及其保护

48 污泥施肥一举两得

50 土壤污染的预防

52 土壤污染的治理

54 保护野生动植物好处多

56 保护生物多样性

58 生物能量金字塔

60 保护生物物种

62 给野生生物保留一点空间

64 医药界呼唤物种保护

67 鸟是人类的朋友

68 爱护鸟类人人有责

70 森林——绿色宝库

72 森林是蓄水库

74 植物是天然的"空调器"

76 森林是天然的"净化器"

78 植物是天然的"除尘器"

80 应注意保护红树林

82 海洋环境保护

第三章　保护聚落环境

86　创造良好的院落环境

88　城市热岛效应

90　城市垃圾处理

92　垃圾能源

94　垃圾是宝贵的财富

96　奇特的垃圾景观

98　恶臭污染的治理

100　电磁波污染源及其防护

102　从传播途径上控制噪声污染

104　噪声的治理

106　应注意预防电脑病

108　手机污染及其防范

110　预防电视机的危害

112　让绿色拥抱城市

114　旅游污染和生态旅游

目 录 MULU

第四章　　保护生产环境

118　绿色汽车

120　生态建筑

122　绿色食品

124　绿色包装

126　绿色纺织品

128　生态农业

130　预防食品污染

132　谨防食品添加剂的污染

134　合理使用农药

136　病虫害的生物防治

138　污水灌溉农田的利弊

140　利用微生物处理废水

142　酸雨的危害

144　矿山环境的恢复

146　实现垃圾资源化

148　绿色照明工程

150　用微生物治理废水

第一章
自然灾害的
预测预报

人类生存的地球，是宇宙中一颗极其璀璨的星球。奇妙异常、气象万千的自然界，为我们展现了青翠高耸的山峦、辽阔浩瀚的大海、气势磅礴的江河和一望无际的草原。白云间的飞鸟，旷野中的走兽，波涛里的鱼及春天的鲜花，冬日的瑞雪，多么奥妙无穷，又多么动人心魄啊！

可是，地球自从诞生了人类以来，在生活和生产过程中，都在不断地受到破坏，她已遍体鳞伤，她的血液里渗进了毒汁，现已证实，地球的劫难多多，人们该开始保护行动了！

小天体将至
怎么办

在太阳系里，有数十万块小行星，还有数百颗彗星，平常各自在自己的轨道上迅跑。然而，有些小行星和彗星的轨道，与八大行星轨道往往有交叉现象。专家们预测，21世纪将有小行星和彗星运行到轨道交叉处，与地球近遇，可能给地球带来一些异变。目前，全世界的天文学家们，正睁大眼睛注视着深邃的天空。

1991 年 BA 小行星距离地球非常近，这个事实提醒人们对预防小行星撞击地球，也不能掉以轻心。现在美国和澳大利亚等国，正在筹建一个由 6 架 18 米口径的望远镜组成的"太空监视"网，分布在世界各地，有系统地搜索和跟踪对地球有威胁的近地小行星的运行情况，以便及早发现它们对地球的威胁，从而采取有效措施。国际天文学联合会也成立了一个"近地天然天体工作组"，协调全球性的近地小行星、近地彗星的搜索监视和研究。近地小行星的研究不仅为天文学所重视，也为其他科学和社会所关注。

小行星或彗星如果有可能撞击地球，人类将怎么办呢？现在已经研究了处理办法。其中一个方案称为依卡鲁斯方案，即向这颗小行星或彗星发射一枚宇宙火箭，把一只炸药包（也可能是一颗原子弹）安上去，使它爆炸，从而改变它的运行轨道。

估计只要 4 台 91 厘米口径的施密特望远镜分布到全球，就可以在 10 年内把 1000 颗左右的危险小行星中的 90% 找出来，10 年内的花费估计要 2000 万美元。

人类能预报火山爆发

火山灾害被列为世界第6位自然灾害，火山爆发往往给人类带来巨大灾难。世界历史上几次大的火山爆发给人类带来的灾难是触目惊心的。79年，维苏威火山爆发，毁掉了意大利的庞贝城和赫莱尼厄姆市，有2万多人丧生；1631年，维苏威火山再次爆发，随后又发生地震和海啸，有4000多人丧生；1669年，意大利卡塔尼亚附近的埃特纳火山爆发，估计死亡数字高达2万人；1783年6月8日，冰岛斯卡普塔火山爆发，造成冰岛1/5人口死亡等。

世界上大多数著名火山的爆发，大有越演越烈之趋势，科学家对此极为重视。

火山学家使用地震仪来记录各种小型地震的次数（这种地震将促使岩浆不断向上涌），并通过安装在飞机上的化学传感装置，监测火山上空二氧化硫含量的变化量，这可直接反映出从地下涌到火山口的岩浆量大小。日本科学家已经使用一种可以测量出一枚小硬币宽度大小的激光仪，来监测火山山坡的倾斜变化量。通常像山坡坡度这种微小的变化量，人们用肉眼是无法辨别的。他们也通过把摄像机安装在本国19个最令人担忧的火山

易发区的方法，监视那些火山烟雾的形状及其颜色变化的情况。"当一处茂盛的草木突然被一座小山丘覆盖时，应立刻意识到情况的严重性"，美国火山学家汤姆·西姆金说："这是一个可怕的现象，它预示着将给人类带来一场真正的灾难。"幸运的是，科学家在日本和菲律宾火山爆发前都观察到了这些小山丘的突然出现，使人们有时间迅速逃离火山现场。

地震的类型

科学家们按地震发生的原因，将地震分为三类：由地面塌陷和山崩引起的陷落地震，由火山活动引起的火山地震，由地壳运动引起的构造地震。由于人工爆破、水库蓄水、深井注水等引起的人为地震，不属自然地震之列。

陷落地震多发生在石灰岩区域。由于石灰岩易被地下水溶蚀，形成地下洞穴，随着洞穴扩大，洞顶逐渐失去支持能力，以致发生陷落，引起地表震动，但其影响范围很小。这类地震为数很少，约占地震总数的3%。此外，在高山区，悬崖崩落也可造成地震，但规模很小。

火山活动引起的地震，其特点是局限于火山活动带，影响范围一般不大。这类地震也为数不多，约占总数的7%。现代火山活动带多属此类地震。如1959年11月中旬夏威夷基劳埃火山爆发，在爆发前夕几个月内曾发生了一连串的地震，都是岩浆运移过程引起的。

由于地壳运动引起的构造地震，是地球上规模最大、数目最多的一类地震。其特点是活动频繁，延续时间长，影响范围广，破坏性强，造成的灾害也最大。世界上大多数地震和最大的地震均属此类，约占地震总数的90%。这类地震与地壳的构造有密切关系，常分布在活动断裂带及其附近。

地震的震级和烈度

　　地震震级，是表示地震能量大小的量度。震源放出的能量越多，震级就越大。震级是用地震仪记录地震波测定的。

　　目前中国使用的是12度烈度表。

　　1度，无感，仪器才能记录。2度，完全静止中的人有感。3度，细心的观察者注意到悬挂物有些摇动。4度，室内大多数人、室外少数人有感，一些人从梦中惊醒，门、窗作响，悬挂物摇动，器皿中水轻微震荡。5度，大多数人从梦中惊醒，家畜不宁，悬挂物明显摇摆。6度，很多人从室内逃出，立脚不稳，家畜多从厩中向外奔跑，盆中水剧烈动荡，有时溅出，轻家具可能移动，非砖木墙结构的建筑物损坏。7度，人从室内惊惶逃出，悬挂物强烈摇摆，甚至坠落，一般砖木结构的民房大多数被损坏。8度，人难站立，家具移动，砖木房屋多数被破坏，少数倒塌，土石松散的山坡常有山崩、地滑，人畜有伤亡。9度，坚实砖木结构民房多数倾倒，地裂缝很多，山崩、地滑。10度，坚

固的砖木房屋多数倾倒,地表裂缝成带断续相连,总长度可达几千米,铁轨弯曲, 河、湖产生击岸浪, 山崩、地滑、河谷被堵成湖。11度, 房屋普遍毁坏, 山区有大规模的崩滑, 地表产生相当大的竖直和水平方向错动, 地下水剧烈变化。12度, 广大地区的地形、地表水系及地下水位剧烈变化, 建筑物遭到毁灭性破坏。

地震监测和预报

地震的破坏居各种自然灾害之首，一次 8.5 级的大地震，相当于 1.2 万颗当年美国投放在广岛的原子弹的爆炸威力。中国地处世界两大地震带——环太平洋地震带和欧亚地震带，地震多发而且灾害严重。

地震和刮风下雨一样，大都是可以预测的。因为在发生地震之前，大地会发生宏观和微观的变化，人们对这些变化进行监测，就可以进行地震预报了。微观现象是人直接感觉不出来的，但用仪器可以测量和记录下来。例如，地壳变形，地应力异常，地倾斜，海平面变化，地下水化学成分变化，地温、地磁、地电、地震波传播速度的变化等，都可以用仪器测量和记录下来。宏观现象是人可以直接感觉到的异常现象。例如，人们凭眼睛、耳朵、鼻子感觉到的变化，动植物习性的变化，天气反常，地下水位变化，地声，地光等。地震工作者必须定时观察受监区内的种种变化，并记录下来，综合分析，整理出变化规律，进行预测。

利用科学仪器预报地震灾害。中国东汉时期张衡曾用"候风地动仪"，成功地记录了138年在陇西发生的一次强地震。今天，全世界共建立了约1000个地震台，采用了多兵种联合作战，并做出了成绩。比如，1975年2月发生在中国辽宁海城的7.3级地震，由于监测工作搞得好，及时进行了预报，大大减少了人员伤亡和财产损失。1985年智利的瓦尔帕莱索城发生了与唐山同等大小的地震，仅死亡150人，就是因为监测、预报、防震措施得当的结果。

滑坡发生的原因(内因)

滑坡发生的内在因素是指地质基础——地层的岩性、斜坡的结构、构造情况，以及其在外界因素作用下发生的变化。

通常，人们根据土石在剪切力作用下的破坏变形特征，把它们分为脆性和塑性两种类型。石灰岩、石英岩等致密坚硬的块状岩石，都是脆性的，抗剪强度很大，能经受很大的剪力而不变形，完全由这些岩石组成的斜坡高陡而稳定，很少发生滑坡。相反，页岩、泥岩和其他各种地表覆盖层，如黏土、碎石土等，多是塑性的，这些土石体的抗剪强度比较低，很容易变形和发生滑坡。

> 组成斜坡的地层岩性，是发生滑坡的物质基础。有的斜坡由坚硬的岩石组成，有的斜坡由软弱的岩石组成，有的斜坡则由土体组成。由于地层的岩性不同，它们的抗剪强度各不相同，发生滑坡的难易程度也就不同。

滑坡的第二个内在因素是地质构造环境。地质构造对滑坡有多
方面的影响：一是断裂破碎带为滑坡提供了物质来源；二是各种地
质构造结构面，如层面、断层面、节理面、片理面和地层的不整合
面等，控制了滑动面的空间位置；三是控制了山体斜坡地下水的分
布和运动规律，如含水层的数目、地下水的补给和排泄等，都由地
质构造条件所决定；四是斜坡的内部结构，包括不同土石层的相互
组合情况，岩石断层、裂隙的特征及其与斜坡方位的相互关系等，
与滑坡发生的难易程度有密切关系。

滑坡发生的原因
（外因）

降雨、融雪和地下水位变化，是产生滑坡的最主要外因。它的作用，一是渗透水进入土体孔隙或岩石裂缝，使土石的抗剪强度降低；二是渗透水补给地下水，使地下水位升高或地下水压增加，对岩土体产生浮托作用，土体软化、饱和，结果也造成抗剪强度的降低。所以，降雨和融雪一般对滑坡可起到诱发或促进作用。

除降雨、融雪和地下水位的变化能够触发滑坡外，地面上的溪沟、江河、湖泊和海洋中的水流，对滑坡也有重要影响。它们不断地冲刷和切割岸坡，使岸坡增高变陡，使内部的软弱面暴露出来。洪水时期，河水水位上涨，河水反而补给地下水，当洪水下降后，地下水位变化慢，出现水力坡度，斜坡内就会形成很大的动水压力。所有这些作用都使斜坡的稳定性降低，从而导致滑坡发生。

人为的因素对滑坡的影响越来越突出。随着人类工程、经济活动的不断增加，有时因兴建土木工程或其他工程施工而引起滑坡，受到大自然的无情"报复"。

地震是诱发滑坡的重要因素之一。地震诱发滑坡，先是斜坡土石结构遭到破坏，在地震力的反复震动冲击之下，沿原有软弱面或新产生的软弱面产生滑动。由于地震产生的裂缝和断崖，助长了以后降雨或融雪的渗透，因此地震以后常因降雨、融雪而发生滑坡或山崩，这种情况比地震发生时所触发的滑坡或山崩还要多。

滑坡的防治

整治滑坡的方法，归结起来可以分为三类：一是消除或减轻地表水和地下水对滑坡的诱导作用；二是改变滑坡外形，增加滑坡的抗滑力；三是改变滑坡带土石性质，阻滞滑坡体的滑动。

为了实施各种防治方法，必须重视对滑坡的调查研究，弄清楚滑坡的规模、类型，引起滑坡的原因。例如，如果发现该滑坡是一个大型滑坡，一般都应采取工程绕避的原则。铁路、公路、桥梁、厂房等，都应绕道，避开大型滑坡，否则，由于大型滑坡不易治理，导致工程投资大，费时长，而且常影响工程施工的安全和工期。但是，对于无法绕避的滑坡，就必须进行技术经济比较，有针对性地选择治理方法，对症下药，综合治理。

对于滑坡，有关部门积累了不少经验。地

球各地发生的滑坡，90%以上都与地表水和地下水有关。水对滑坡的影响主要作用表现在水对滑坡坡脚的冲刷、滑坡体内渗透水压力的增大，以及水对滑面（滑带）土的软化和溶蚀分解等。为了排除水对滑坡的作用，或使其作用降到最低程度，必须采用截排水工程。常用的截排水工程有在滑坡体外围挖截排水沟，把易于吸水、渗透力强的松散滑坡体夯实，挖排水盲沟，打排水钻孔，打排水洞，灌浆阻水等。

泥石流的形成条件

泥石流的形成受多种自然因素的影响，归纳起来有：丰富的松散固体物质来源，有利的地形地貌条件，充足的水源和适当的激发因素，这些形成泥石流的四大基本条件。人类活动对某些泥石流的发生和发展，也有着不可忽视的影响。

松散的固体物质来源。泥石流是含有大量固体物质的洪流。因此，储存松散固体物质的场地，就成为泥石流的发源地。松散的固体物质主要来源于地质构造活动，如地壳发生断裂，使岩石破碎，为泥石流提供了丰富的松散固体物质的来源。

有利的地形地貌条件。强烈地震也是泥石流固体物质快速、大量聚积的重要因素，地震活动降低了岩层的强度，破坏了山体的稳定性，使山体开裂以致发生崩塌和滑坡等块体运动，直接增加了泥石流的固体物质来源。

　　充足的水源和适当的激发因素。水是激发泥石流的重要条件，又是泥石流的组成部分和搬运介质。泥石流的水源有暴雨、冰雪融水、水体溃决等不同的形式。特大暴雨是促使泥石流爆发的主要动力条件。

　　人为因素的影响。人类活动的不良影响，主要是破坏了自然的平衡条件，增加松散固体物质的补给量或水量。山区公路、铁路的修建，日益频繁的生产活动，有时会破坏山体的稳定性，增加泥石流的物质来源，促使泥石流的发生和发展。

泥石流的防治

　　泥石流的防治措施有生物措施和工程措施。生物措施指植树造林和种草、育草；工程措施指跨越、穿过、防护、排导和拦挡等工程设施。

　　跨越工程。修建桥梁、涵洞从泥石流上方凌空跨越，让泥石流在其下方排泄。

　　穿过工程。修建隧道、明洞从泥石流下方穿过，泥石流在其上方排泄，这是通过泥石流地区的又一种主要工程形式。

　　防护工程。对泥石流地区的桥梁、隧道、路基，泥石流集中的山区、变迁型河流的沿河线路或其他重要工程设施，做一定的防护建筑物，用以抵御或消除泥石流对主体建筑物的冲刷、冲击、侵蚀和淤埋等危害。防护工程主要有护坡、挡墙、顺坝和丁坝等。

排导工程。它的作用是改善泥石流流势，增大桥梁等建筑物的泄洪能力，使泥石流按设计意图顺利排泄。泥石流排导工程包括导流堤、急流槽和束流堤三种类型。导流堤的作用主要在于改善泥石流的流向，同时也改善流速。急流槽的作用主要是改善流速，也改善流向。束流堤的作用主要是改善流向，防止漫流。导流堤和束流堤组合成束导堤，可以防止泥石流漫流改道为害。

拦挡工程。它用以控制组成泥石流的固体物质和雨洪径流，削弱泥石流的流量、下泄总量和能量，减少泥石流对下流经济建设工程冲刷、撞击和淤积等危害的工程设施。拦挡工程包括拦渣坝、储淤场、支挡工程、截洪工程等。

保护臭氧层

什么原因使得臭氧层遭受严重破坏以致形成巨大的空洞，这是科学家们研究的主要课题。趋于一致的看法是人类滥用氟利昂所致，氟利昂是破坏臭氧层的头号"杀手"。

氟利昂，因其用途广，用量很大，在 1985 年时氟利昂世界年产量已达千吨以上。氟利昂使用后并不分解，随着废气排出，进入大气层。

1974 年美国学者提出，我们人类广泛使用的氟利昂进入大气后，在对流层未分解就进入同温层，分解后会使臭氧层遭到破坏，这一理论被后来的研究和事实所证明。

氟利昂

又名氟里昂，

名称源于英文 Freon

另一个破坏臭氧层的杀手是哈龙灭火剂（溴代物），它所占的比例很小，但它对臭氧层的破坏也是连锁式的，并且它可以在大气中存在百年以上，其破坏作用也不可忽视。

在对流层顶部飞行的飞机排出的氧化氮等气体也会破坏臭氧层，这些气体可充当破坏臭氧层的催化剂。有人计算，只要有 500 架大型超音速飞机每天定期飞越美国上空，那么只需一年时间，大气臭氧的含量就会减少 50%。另外，农业上无控制地使用化肥所产生大量的氧化氮及各种燃烧所产生的氧化氮进入大气后都可破坏臭氧层，其作用也不可忽视。

粉尘、有害气体

大气污染的综合治理

由于大气污染日益严重，已经给人类和生态环境造成巨大威胁，因此，大气污染的治理已成为当今世界需要迫切解决的重大问题。统一规划并综合运用各种防治措施，才能有效地控制大气污染。

减少或防止污染物的排放。减少污染物的排放是防治大气污染的首要措施。减少污染物排放的措施有很多，而且容易见效。

治理排放的主要污染物。燃烧过程和工业生产过程在采取上述措施后，仍不可避免地有一些污染物排入大气，这就需要控制其排放浓度和排放总量。

采用合理的工业布局。工业过分集中，污染物的排放量大，大气自然净化就困难，若将工业分散布设，污染物排放量小，则易于自然净化。

采用区域集中供暖、供热。在城市的郊外设立大热电厂，代替千家万户的炉灶，可以大大提高热利用率，降低燃料的消耗，减轻大气污染。

新鲜空气

　　减少交通废气污染。交通废气包括火车、汽车、飞机等排出的废气，其中以汽车废气对城市大气的污染最为严重。

　　种植树木草坪。植物具有美化环境、调节气候、滞留粉尘、吸收有害气体等功能，可以净化大气。因此植树绿化、种花种草是防治大气污染行之有效的办法。有计划、有选择地扩大绿地面积是防治大气污染的一个经济有效的措施。

水俣病揭秘

在水俣病被发现后，日本熊本大学医学部的水俣病研究小组深入渔村，对病因进行调查、研究。

通过对当地100余名患者调查结果分析，发现发病的时间主要在2～9月的捕鱼旺季，发病人以渔民及其家属居多，发病地区集中在水俣湾沿岸的渔村，说明发病与吃鱼有关。至于鱼体中毒物的来源，研究小组从环境因素调查中确认是由水俣工厂排放的大量废水所致。

研究人员把注意力集中在工厂，他们对水俣工厂排出的废水、海水、鱼贝、水俣病死者和疯猫内脏进行了检测，发现其中含有汞、硒、铊等多种成分，他们又进行了各种实验，经过几年的调查研究，熊本大学的研究人员终于揭开了"水俣病之谜"。他们在报告中指出："水俣病是由于渔民食用了水俣湾含甲基汞的水、鱼和贝类引起的。"

甲基汞来自水俣镇附近一家合成醋酸厂，这家工厂为了降低生产成本，在生产氯乙烯时采用一种含汞的化合物作为催化剂，致使大量的含甲基汞的废水、废渣排入水俣湾，造成海水的污染，这些甲基汞为水中鱼贝类生物所富集并固着在其体内，当地居民食用了含有甲基汞的鱼贝类后，中毒而得了水俣病。

甲基汞进入人体后，很容易被吸收，不易降解，排泄很慢，特别是容易在脑中积累，侵害成年人的大脑皮层，也侵害小脑，对胎儿侵害几乎遍及全脑。防止水俣病悲剧重演，是环境保护的重要任务之一。

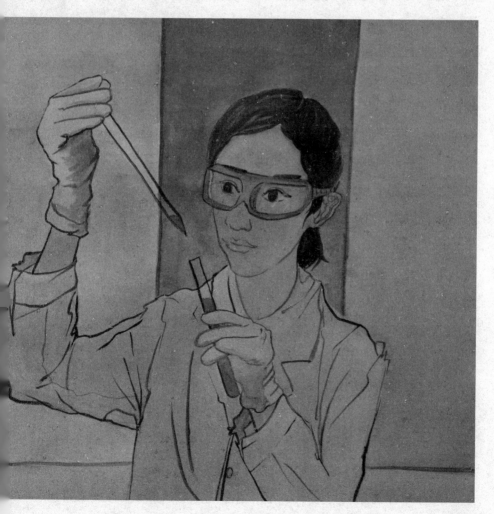

水是工业的血液

水是一种最优良的溶剂，它不仅能溶解很多物质，还可用于洗涤、冷却和传送等方面。由于水具有多方面得天独厚的性质，因此在工业上得到极为广泛的应用。

工业上使用最多的是冷却用水。由于水具有比其他液体物质大得多的热容量，可储藏较多的热量，并且水价格低廉，取用方便，因而成为工业部门用量最大、最经济实惠的一种冷却剂。冷却用水在工业生产过程中可以带走生产设备多余的热量，以保证生产的正常进行。在火力发电、冶金、化工等工业部门冷却水用量都很大。不过冷却水可以重复使用，而且对水质一般影响不大，这样可减少水的消耗量。

还有一种工业用水是产品用水。它在生产过程中与原料或产品掺杂在一起，

有的只是生产过程中的一种介质，有的成为产品的一部分，如在食品工业中的酿酒、制醋、生产酱油、制造饮料等，水都是产品的组成部分，这些工业对水的质量要求十分严格。

再有一种就是动力用水。即以水蒸气推动机器或汽轮机运转。

这主要应用在一些机械、动力、开采等行业。这些对水质要求不高，可以循环使用，真正的耗水量也不是很大。

此外，还有用来调节室内温度、湿度的空调用水，用于洗涤、净化的技术用水以及厂区绿化所需要的水等，也要消耗掉一部分水。

水是农业的命脉

水是农作物生长的基本条件之一。要保证农作物的正常生长发育，必须根据不同作物对水分的需求，保证适时适量地供应水分。

水分是作物的重要营养物质，所有植物体中都不同程度地含有一定量的水分。蔬菜中水分的比重较大，如马铃薯中的水分占70.8%，黄瓜中的水分达90%以上。粮食作物中的水分较少，如稻谷中水分占10.6%，大豆中水分占9.8%。

几乎所有的作物生长发育过程都和水密切相关，种子的萌发和庄稼的生长，都需要有充足的水分。根据科学的测定，生产1吨小麦需要1500吨水，生产1吨棉花需要1万吨水；1株玉米，从它出苗到结实，所消耗的水分达 200 千克以上。"水是农业的命脉"，生动地说明了水在农业环境中的重要作用。

农作物吸收水分大部分消耗在蒸腾上。据观测，夏天一片叶子在一小时里所蒸发的水分，比它本身原有的水分还要多。植物蒸发水分是重要的生理过程，旺盛的蒸发可加速根对水分的吸收，土壤里的养分可随水流被带入植物体内，再转移到体内各部分去，供其生长发育的需要。水分还参与调整植物的体温，维持它和气温的平衡，以免受害。

水分不足会影响作物生长，导致作物产量下降。因而若土壤中水分不足，就要用灌溉来补充水分。人们常见的水稻、小麦、玉米、黄瓜、白菜、西红柿等栽培作物，其需水量与有效降水量之间的差异，主要依靠人工灌溉来补充，特别是在比较干旱的地区，更需要定期灌溉。

水污染的防治

由于水污染主要是由工业废水和生活污水的任意排放造成的，要控制和进一步消除水污染，必须从控制废水的排放入手，将"防""治""管"三者结合起来。一般可采用下列有效措施来综合防治水污染：

减少废水和污染物的排放量。首先，应改革生产工艺，努力提高原料利用率，尽量不用或少用水，尽量少用或不用会产生污染的原料、设备和生产技术。其次，可尽量采用全封闭式或半封闭式循环用水系统，使废水在一定的生产过程中多次重复使用或采用连续使用水系统，减少新水补充，少排废水。另外，要尽量使流失至废水中的原料与水分离，就地回收，变废为宝，化害为利，这样既可减少生产成本，又可大大降低废水浓度，减轻污水处理负担。

妥善处理城市及工业

废水。为了确保水体不受污染，必须在废水排入水体以前进行净化处理，使其实现无害化。

对于工业废水的处理，大型企业及某些特殊的企业，应建有自己的污水处理厂。

加强监督管理。经常监测和科学的管理可以使水污染的防治工作有目标、有方向地进行，因此是不可缺少的一环。应建立统一的管理机构，颁布有关法规、条例，制定工业废水及城市污水的排放标准，对工业废水的排放量和废水浓度进行严格的监测和管理。

地球上最大的
淡水库——冰川

地球上纬度较高的地区和高山地区，气候异常寒冷，积雪常年不化，时间久了，就形成了蓝色透明的冰层。冰层在压力和重力作用下，沿斜坡慢慢向下滑去，就形成了冰川。

冰川是陆地表面的重要水体之一，也是地球上最大的淡水储存库，其储水量约占陆地淡水总储量的68.7%。地球上的冰川如果全部融化，那么海平面将上升80～90米，地球上所有的沿海平原将变成汪洋大海。

地球上的冰川有3100多万平方千米。根据其形态和分布特点，可分为大陆冰川和山岳冰川两大类。大陆冰川又叫冰盖，它是冰川中的"巨人"，面积大、冰层厚、中间厚、四周薄、呈盾形，主要分布在南极洲和北极的格陵兰岛上。

南极洲是冰的"故乡"，那里有面积达1398万平方千米的巨大冰盖，最大冰厚度超过4000米，平均厚度2000米。冰从冰盖中央向四周流动，最后到海洋中崩解。由于气候寒冷，南极洲一年到头几乎都是"千里冰封，万里雪飘"的冰雪世界。可是近40年来，那里竟出现了一些异常现象，有的地方冰雪开始融化，有的地方甚至出现小片的绿洲，边缘的冰山脱离母体向大洋漂去，仅1998年就失去3000平方千米的冰面积。这些现象显示，全球气温上升已使南极冰川加速融化。

第二章
各种资源的
环境保护

人类的生存，以及日常的生产、生活所需要的物质，都是资源。当前保护资源环境是头等大事，世界各国已行动起来了，使用清洁能源，减少向大气排放废气，禁止向江河湖海排放污物、污水，禁止乱砍滥伐森林，保护植被，减少水土流失，减缓土地沙化、荒漠化、盐渍化，还地球美丽和谐的自然环境。

中国的环境保护

"环境保护"一词起源于近代，但有益于环境保护的法律早已有之。西周时，人们对山林、鸟兽的保护就极为重视，《逸周书·大聚》就有春天不得上山伐林，夏天不得下河捕鱼的记载。《礼记·月令》中还有禁止捕杀幼虫、飞鸟的记述。秦国法律对自然环境的保护提出了更严格的要求。1975年12月，考古工作者在湖北云梦县发掘了12座战国到秦代的古墓，在第11号墓中出土了大量秦代竹简，其中一些竹简上刻着具体翔实的《田律》。虽然个别字已难辨，但整篇条文的意思是很清楚的。用现代语言翻译出来，大体意思是：

从春季二月开始，不准进山砍伐林木，不准堵塞林间水道。不到夏季不准入山采樵，烧草木灰。不准捕捉幼兽幼鸟或掏鸟卵。不准（字迹不清）毒杀鱼鳖。不准设置诱捕鸟兽的陷阱。以上禁令，到七月才得解除。

凡是居民点靠近畜养牛、马、兽类的养殖场或其他禁苑者，在幼兽繁殖季节，居民不得携带猎犬前去打猎。

虽然在秦之前中国就有"春三月，山林不登斧，以成草木之长；夏三月，川泽不入网罟，以成鱼鳖之长"等记载，但作为完整的环境保护法，当首推《田律》。

土壤——黑色生物王国

土壤中栖息着丰富多彩的生物，这些土壤生物是土壤的重要组成部分，正是由于它们的存在和活动，使土壤的肥力不断提高，各种植物在土壤中茁壮成长。

土壤中的生物多种多样，其中土壤微生物是生存在黑色土壤王国中数量最多的居民。虽然它的质量还占不到土壤有机物质量的1%，但其数量却大得惊人。据研究，1克的土中就有数百万个微生物，其中大部分是细菌，还有数量可观的藻类、真菌、放线菌及原生虫等。

土壤微生物在土壤中起着十分重要的作用，细菌、真菌和藻类是动植物腐烂的主要原因，它们将动植物的残体还原为无机质，形成各种养分，从而促进作物的生长。假如没有这些微小的生物，碳、磷、氮等化学元素就无法通过土壤、空气以及生物组织进行循环活动。微生物在土壤里生存，还能产生二氧化碳，并形成碳酸，促进了岩石的分解。

土壤中微小的螨类和跃尾虫（没有翅膀的原始昆虫）的数量也

十分巨大。尽管它们很小，却能除掉枯枝落叶，从而促使森林地面碎屑慢慢转化为土壤。例如，有些螨虫可在掉下的树叶里生活，隐蔽在那儿，并消化掉树叶的内部组织。当螨虫完成它们的演化阶段，树叶就只留下一个空外壳了。另外，土壤里和森林地面上的一些小昆虫，对付落叶植物大量的枯枝落叶更是有着惊人的本领。它们浸软和消化了树叶，并促使分解的物质与表层土壤混合在一起，极大地提高了土壤的肥力。

防止土壤流失

土壤是在岩石的风化作用和母质的成土作用的综合作用下形成的。

地表岩石在风化作用下，发生破碎分解，并进而形成成土母质。成土母质主要是松散的碎屑物质，具有通气、透水、保水等性能，有利于水分与空气的进入，并且含有岩石在风化过程中释放出来的可溶性化合物，有利于植物营养元素的释放与集中，从而为某些对环境条件要求不高的微生物的生长创造了条件，为土壤的形成奠定了基础。

成土母质只是一层单纯的由无机物组成的松散物质，它与土壤不同，缺乏植物生长过程所必需的有机质，因此它还不具备植物生长所需要的肥力条件。成土母质还必须在生物参与下经过一系列作用才能转变为土壤。

在地球表面未出现生物之前，自然界并没有土壤，那时只能进行岩石的风化作用，而且速度极其缓慢。直到第一个具有完备生命特征的化能自养细菌出现之后，才使这种状况发生明显改变。化能自养细菌不仅使风化作用加速进行，而且能积聚养料，提高肥力，最终形成土壤。

异养型细菌在其生命活动中能分解有机质，并能释放出大量的二氧化碳和氮气。二氧化碳在自然界增多，为绿色植物的出现创造了有利条件。

这种细菌本领很大，分泌的酸能使坚硬的岩石分解，并从岩石分解过程中得到能量和养分。虽然得到的能量和养分很少，但它们却能很好地生活下去。化能自养细菌的寿命十分短暂。由于它们的生生死死在岩石的风化物——成土母质里积累了有机质，天长日久，积累的有机质日益增多，从而为异养型细菌的出现创造了条件。

土壤的保护

人类的耕种活动，可以使自然植被被破坏，土壤裸露，遭受大气、水、热的剧烈作用，有机质分解加快，难于积累，表土直接接受雨水的袭击，冲刷加剧，淋溶流失不断深入底层。野生木本植物被栽培植物代替，根系活力减弱，尤其是栽培植物周期短、更替快、养分积累慢，致使土壤中热、水、气、肥变化大。也可以通过耕作施肥、灌溉排水、平整土地、改造地形以及经营管理等措施，定向培育高度肥沃的土壤。

首先是栽培作物。作物在生长发育过程中，一方面要吸收土壤中的水分、养分等营养物质，另一方面又以其残根、落叶和根系的分泌物质补给土壤,同时根系的机械作用又影响着土壤的结构性能,从而导致土壤理化生物性状的改变。

其次是耕作。耕作可以改善土壤的物理性状,造就了疏松的耕作层,增加土壤的透气性和透水性。尤其是深耕,为作物根部活动和微生物的生活创造了有利条件。

耕作结合施肥,还能够改善土壤养分条件,促使更多的营养物质加入生物循环中去,特别是有机肥料的施用,改善了土壤的物理与生物性,补充了土壤中能量的来源,加强了生物循环的物质基础,促使土壤肥力迅速提高。

农田合理灌溉排水可有效控制土壤水分状况,并通过土壤水分来调节土壤的空气、温度条件,促进有机质的合成与分解,以满足农作物生长的需要。

湿地及其保护

湿地是地球上具有多功能的独特的生态系统，是自然界最富有生物多样性的生态景观和人类赖以生存和发展的环境资源之一。

湿地与人类生存休戚相关，它源源不断地为人类提供着大米、鱼等大量的食物、原料和水资源。而且湿地还在维持生态平衡、保存生物多样性和珍稀物种资源、涵养水源、降解污染物和提供旅游资源等方面起着十分重要的作用。

从水文学的角度来看，湿地具有供应水源、蓄洪防旱、保持水质的功能。因此，人们常把湿地称为陆地上的天然蓄水库，被喻为天然海绵。它除了日常作为居民用水、工业用水和农业用水的水源以外，在雨季洪水期，可大量吸收过剩的水；在干旱期，则

湿地大约有35种，主要包括沼泽、湖泊、河流、河口湾、浅海水域、海岸滩涂、珊瑚礁、水库、池塘、稻田等自然和人工湿地。

慢慢地释放储存的水。

　　湿地在保持水质量方面也有重要作用，并已引起人们的关注。当水流过湿地时，沼泽地和洪泛平原有助于减缓水的流速，从而使水中携带的一些沉积物沉积下来，并且有些水生植物还能有效地吸收有毒物质，使水质澄清。正是由于湿地有这些净化环境的功能，人们又称之为"地球之肾"。

　　我们知道，湿地生态系统的破坏，在许多情况下是不可逆转的，即使经治理使其恢复也要经过相当长的时间，要付出巨大的代价，所以绝不能只为眼前利益和局部利益损害湿地资源，否则损失无法弥补，甚至殃及子孙后代。

污泥施肥一举两得

在城市污水或工业废水的处理过程中，同时会产生大量的污泥。一个每天处理 10 万立方米的城市污水处理厂，每天产生的污泥达 230 立方米左右。由于这些污泥中常含有大量的有毒或有害物质，如果处理不当，会对环境造成二次污染。同时污泥中还含有大量植物所需的养分及其他有用物质，具有一定的利用价值，因此对这些污泥的处理和利用，历来是废水处理中的一个十分重要的问题。

对于污泥的处理，传统的处理方法主要有投海、填埋和焚烧等几种。这几种处理方法不仅会污染土壤和大气，而且投资大。近些年来，开始采用污泥施肥的方法，有的国家还采用管道把污泥直接输送到农田，这样既处理了污泥，又能利用污泥里丰富的营养物质供给农作物，可谓一举两得。

污泥的肥效十分显著。一般城市污水厂污泥和以微生物残骸为主体的活性污泥当中，都含有许多农作物所需要的氮、磷、钾等营养成分，以及某些微量元素和丰富的有机质。有人对污泥的肥料成分做了分析，结果表明：污泥中氮含量占 4.6% ～ 6.4%，五氧化二磷含量占 4% ～ 7.4%，腐殖质含量占 41%。这些营养物质对农作物生长十分有利，施用以后有一定的增产效果。此外，污泥里还含有腐殖酸、胡敏酸及铜、钼、锌等微量元素，对农作物生长有一定的刺激作用，还可增加土壤的有效养分，有利于土壤的改良，特别是对沙质土壤施用效果会更好。

土壤污染的
预防

土壤污染，危害极大，它不仅会导致大气、水和生物的污染，而且土壤中的污染物会直接影响植物的生长，并且土壤污染物被植物吸收后，还会通过食物链危害人体健康。因此预防、治理土壤污染是一个亟待解决的环境问题。

预防土壤污染，要控制和消除土壤污染源和污染途径。土壤中的污染物虽然种类很多，究其来源主要有工业的三废排放，农药、化肥的大量施用等，为此可采用下列几方面措施：

控制和消除工业废水、废气、废渣排放，这是一项十分重要而艰巨的工作。首先，需要改进生产工艺、改进设备、改革原材料等，以减少或消除污染物。如在电镀工业中广泛采用无氰电镀工艺，从根本上解决了含氰废水对环境的污染问题。再如采用闭路循环用水系统，使废水多次重复使用，可以减少工业废水的排放等。

其次，对工业三废进行回收处理，化害为利，变废为宝。对当前必须排放的三废，要进行净化处理，使其实现无害化。要严格控制排放浓度、排放数量，实行污染物排放总量控制。排放工业"废水"时要严格执行国家标准。

工业三废是指工业生产所排放的废水、废气、固体废弃物。工业三废中含有多种有毒、有害物质，影响工农业生产和人民健康。

土壤污染的治理

土壤一旦被污染，其影响在短时期内就很难消除，所以治理土壤污染不是一件轻而易举的事情，往往需要长期的努力，并采取综合治理措施才能奏效。治理措施主要有：生物防治、增施有机肥料、施加抑制剂、改革耕作制度等。

生物防治。土壤污染物质可通过生物降解或植物吸收而净化。发现、分离、培育新的微生物品种，以增强生物降解作用，这对于提高土壤净化能力很重要。

增施有机肥料。对于被农药和重金属轻度污染的土壤，增施有机肥可达到较好的效果。因为有机肥可提高土壤的胶体作用，增强土壤对农药和重金属的吸附能力；有机质又是还原剂，可使部分离子还原沉淀，成为不可给态；有机质还能促进增强土壤团粒结构和增加养分，及保水和透气性能，有利于微生物繁殖和去毒作用，提高土壤对污染物的净化能力。尤其对于含有机质少的砂性土壤，采用此法更为有效。

施加抑制剂。轻度污染的土壤，施加某些抑制剂，可改变污染物质在土壤中的迁移转化方向，促进某些有毒物质的移动、淋洗或转化为难溶物质而减少作物吸收。

改变耕作制度，从而改变土壤环境条件，可消除某些污染物的危害。

不可给态养分

不溶性的，植物不能吸收利用的养分叫不可给态养分。

保护野生动植物好处多

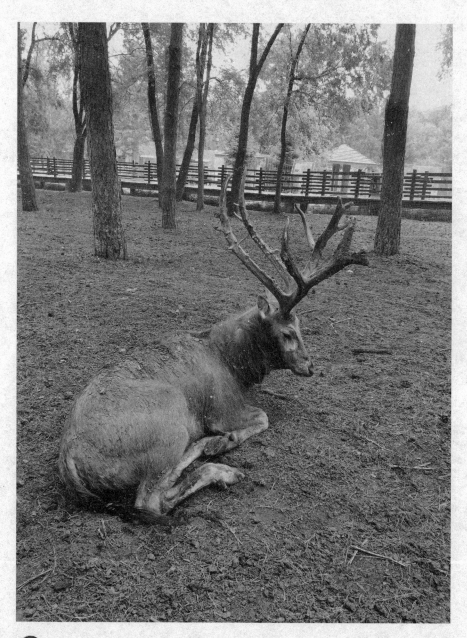

近年来，世界各地建立了许多自然保护区、野生动物保护区、植物园、生物圈保护区等来保护野生动植物。在公园和形形色色的保护区里，人们为珍稀动植物提供了非常优越的生存条件。

我们都知道，地球上丰富的生物基因是大自然赋予人类的宝贵财富。人类迄今只利用了大自然基因库的很小一部分，却已从中获得巨大效益。野生动植物是其中一个非常丰富的基因库，没有这个丰富的基因库，可以说人类将无法生存。

> **基　因**
>
> 基因也叫遗传因子，它支持着生命的基本构造和性能。储存着生命的种族、血型、孕育、生长、凋亡等过程的全部信息。

在我们所食用的农作物中，如小麦、玉米、水稻、大豆等，都是经过人类千百年的驯化、筛选、培育的成果，它们比野生近亲植物的产量要高得多。但是应该注意，任何一种优质高产作物经过几年甚至几十年的自我繁殖后，其丰产性、抗病性会自行下降。这种情况该怎么处理呢？只能在调整遗传结构上做些工作，需要不断地通过杂交从其野生近亲中吸收新的基因，摒弃较差的基因性状，保持或提高优良性状。

怎样调整它们的性状基因呢？从美国和加拿大的情况可以得到答案。美国和加拿大是世界上两个主要的农业出口国，粮食产量非常高。秘诀在哪里？秘诀就在于其经常利用野生动物的种质来改良作物品种。这两个国家的绝大部分粮食作物都是从国外引进的，由于在当地缺乏野生近亲植株，遗传学家不得不经常到墨西哥原始森林去寻找所需要的基因源。

保护生物多样性

生态系统是生物与其生存环境所构成的综合体。所有物种都是各种生态系统的组成部分。生态系统类型极多，有森林、草原、江河、湖泊、农田、海洋等，所有的生态系统都具有各自的生物群落，都保持各自的生态过程，即生命所必需的化学元素的循环和各组成部分之间能量的流动。不论从一个小的生态系统还是从全球范围来看，这些生态过程对所有生物的生存进化和持续发展都是十分重

森林

生态系统

草原

江河

要的。

物种多样性是指动物、植物、微生物丰富的种类。各种各样的物种是农、林、牧、渔等行业经营的主要对象，它们为人类提供了必要的生活物质基础。

遗传多样性指的是存在于生物个体、单个物种及物种之间的基因多样性。一个物种的遗传组成决定

生物多样性

生物多样性是指地球上所有的生物——动物、植物和微生物及其所构成的综合体。它包括生态系统多样性、物种多样性和遗传多样性三个部分。

着它的特点，决定着它对特定环境的适应性，以及它是否可被人类利用等特点。

生物多样性是大自然赋予人类的宝贵财富，必须加以保护。各种物种，无论是动物、植物，还是微生物，都在维持生态平衡中起着重要作用。它们为人类提供食物，提供新鲜的空气，调节气候，控制疾病的流行等，其作用难以被其他物种所代替。

每种生物都有其特有的遗传性，使其能适应一定的环境条件。这种遗传性对人类至关重要。例如许多农作物都是人类对生物千百年筛选、培育的成果。而杂交种可以从其野生近亲中吸取新的基因，以保持和提高它们的优良性能。

海洋

农田

湖泊

生物能量金字塔

当我们投身大自然的时候，常常会看到鸟儿在空中飞，牛羊在地上跑，鱼儿在水里游。这些生物的活动能量是从哪里来的呢？科学告诉我们，这些能量来自太阳，是光芒四射的太阳，时刻不停地向地面辐射巨大的能量。据分析，进入大气层的太阳能只有1%左右被绿色植物所利用。绿色植物通过光合作用把太阳能转变成化学能。当食草动物吃植物时，这种能量就转移到食草动物身体中，当食肉动物吃食草动物时，又转移到食肉动物的身体中。最后由腐生生物分解动植物残体，归还到环境中。

不过，太阳能沿着食物链、食物网在生态系统流动的过程中，能量在生物之间的转移并非是百分之百的。比如绿色植物所获得的能量不可能全部被食草动物利用，因为绿色植物的根系、茎秆、果壳及枯枝落叶等部分组织，往往不能被食草动物所采食，即使已被食草动物采食的部分也还有不能被消化而作为粪便排出体外的。由于上述原因，食草动物所利用的能量，一般仅为绿色植

物所含总量的 1/10 左右。同样道理，肉食动物所利用的能量，一般为食草动物总能量的 1/10 左右。可见，能量在生态系统中的流动越来越少，所能供养的动物数量也就越来越少。一般说来，能量沿着绿色植物→食草动物→一级肉食动物→二级肉食动物逐级流动，下一级生物所获得的能量大体等于上一级生物所含能量的 1/10，即能量的利用率仅为 1/10，其余 9/10 的能量就损失掉了。这种数量关系，人们称为"十分之一定律"。

保护生物物种

生物物种的减少或灭绝，会使生物多样性遭到破坏，从而影响优良品种的培育，对农牧业造成严重危害。

人类对农作物和家畜进行选种的历史久远，早在石器时代，人们就从已生存了千万年的野生动植物中，培育、驯化农作物和家畜。从那时起，人们就从不同的作物品种中，集中所需要的遗传特性，培育出优良品种，并使之不断改良。

在现代农业和畜牧业的发展中，优良品种的培育仍是至关重要的，而优良品种的培育要求必须有合适的基因资源。野生品种的遗传基因对农作物和家畜的改良仍会发生作用，这是因为人工栽培或饲养的动植物，由于其遗传基础较窄，大都需要自然界基因库的野生祖型及其近亲的遗传物质作为新品种培育的基础。人们通过对动植物的分布范围和特性进行调查，对各种来源的遗传物质进行评价，按自己的需要选育出新品种。但如果相关的野生品种一旦大量消失，人类选育新品种的努力就难以实现了。

玉米、小麦、大豆等粮食作物，还有许多瓜果蔬菜等，都是从野生物种逐渐演化而来的，但是经过多年的栽种后，物种便会产生退化，抵抗病虫害的能力降低，造成产量下降，质量变差。人类为了改良品种，就得从野生物种中寻找与其相似的物种，将其特有的基因植入现在人类种植的作物上去。这样不仅可以改变作物抵抗自然灾害的能力，而且能大大提高作物的产量和质量。

给野生生物保留一点空间

任何生物都得有相应的栖息地才能够生存。如果栖息地的条件恶化，生物就会无家可归，甚至走上灭绝之路。但是，生活在地球上的某些人，似乎忘记了这些基本的常识，对森林进行大面积的采伐、垦殖，对草原、湖泊、海洋实行开垦和围垦，并不科学地修筑水道、堵塞水道，任意排放有毒废物等，使无数野生生物处境恶化，无家可归，逐渐走上灭绝的道路。

森林是野生生物的大本营，森林面积日益缩小，不仅使植物大量减少，而且使许多林栖动物无处藏身，面临绝境。曾经广泛分布的灵长类，现已成为珍稀动物。栖息于中国海南岛的长臂猿，是国家一类保护动物，20世纪50年代海南岛有2000多只。长臂猿臂比腿长，绝大部分时间生活在树上，离开了森林，几乎寸步难行。几十年来，由于毁林开荒，海南岛森林面积不断减少，使长臂猿活动范围越来越小，加上一些人的滥捕乱猎，现在幸存的已寥寥无几了。

　　物种一旦灭绝就意味着永远消失，再也无法挽回，如不采取有力措施，将会造成巨大的、无可挽回的损失，而保护野生物种的首要条件是保护它的栖息地。为此，人们应当觉悟，不要再去做自毁家园的事，给野生动植物留下一点生息之地吧！

医药界呼唤物种保护

各种各样的野生物种为人类提供了大量的药材，因此，大量物种的灭绝，对医药事业是一个沉重的打击。所以医药界面对日益加快的物种灭绝状况，一再呼吁要加强物种保护。

丰富多彩、千姿百态的生物资源，是许多药物的来源。在很久以前，人类就开始利用野生动植物和真菌做药，而且一直沿用到医药事业高度发达的今天。在中国，民著名医药学家李时珍的药学巨著《本草纲目》中，就载了许多种野生动植物的药用价值。权其中收载的动物药就有400余种，植物药达5000多种，其中1760多种为常用药物。

在医学研究中，常需要大量的实验动物，而珍贵的灵长类资源在这方面显得特别重要。如预防小儿麻痹需要用猕猴的肾脏来培养减毒疫苗。美洲的有肺鱼是一种不讨人喜欢的动物，可是近来发现，它在医学研究上有重要价值。这种生活在河湖中的鱼能在河湖干涸时钻入淤泥中休眠两年之久。人们期望从它的血液中找到一种控制休眠的物质。在外科心脏手术时，用有肺鱼血的这种休眠物质使病人新陈代谢减弱，给医生赢得更多的手术时间。

然而，令人忧虑的是，由于物种的减少，可能使人类失去一些有效的药物来源。中国的高鼻羚羊、犀牛、豚鹿等基本灭绝，东北虎、梅花鹿等处于濒危状态，使得中药中的鹿茸、羚羊角、犀牛角、虎骨等药材十分紧张，有的甚至已很难找到。

鸟是人类的朋友

鸟是大自然不可缺少的组成部分，是一种十分宝贵的生物资源。它们不仅将大自然点缀得分外美丽，使自然界更有生机，给人们的生活增添无限的情趣，而且还能产生生态效益和经济效益，在保护农田和森林、维持生态平衡中起到了突出的作用。

地球上有各种各样的鸟儿在空中飞翔，其中大多数是捕食害虫的能手，是人类的朋友。如楼燕、家燕、杜鹃、啄木鸟、椋鸟、山雀、黄鹂、卷尾、戴胜、伯劳等，都以虫为食，它们一天吃掉的昆虫，有的竟与自己的体重相当。一只黑卷尾鸟，一天能消灭 600 多只害虫。在育雏鸟期间，它一天往返五六百次，要噙回 3000 多只害虫。一只猫头鹰一个夏天可捕食 1000 只田鼠，这等于从鼠口夺回 1000 千克的粮食。

一只麻雀一天吞食的害虫几乎等于它自身的重量，美国波士顿感谢麻雀为他们消灭了虫灾，还专门修建了一座麻雀纪念碑。类似的益鸟捕杀害虫保护庄稼的事情也出现在美国盐城。据说，有一天，蝗虫铺天盖地降临盐城，无情地吞噬着地里的庄稼、树叶、青草，人们不甘心辛勤培育的庄稼毁于一旦，纷纷晃动农具、挥舞树枝，竭尽全力地驱赶蝗虫，可是都无济于事。这时，栖息在盐湖上的海鸥成群结队地飞过来，它们是发现蝗虫后跟踪追击来的。不久，海鸥风卷残云般地将蝗虫消灭得一干二净。盐城人民感激海鸥，立下任何人不得伤害海鸥的禁令，并在城里建造了一座巍峨的海鸥纪念碑。

爱护鸟类人人有责

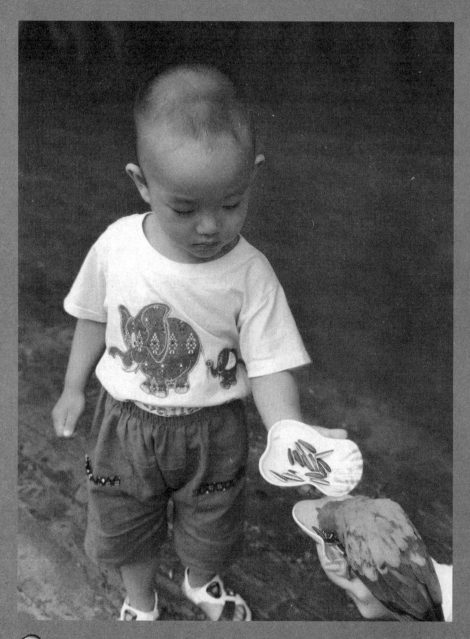

鸟类是人类的朋友。鸟类的辛勤劳动保护了庄稼，保护了森林，保护了环境，它们的作用是不可替代的。绝大多数鸟类是捕食害虫、害鼠的能手。大自然里如果缺少鸟类，害虫、害鼠等就会泛滥成灾，给人类、环境带来灾难，其后果不堪设想。因此，自然界不能没有鸟类，爱鸟护鸟人人有责。

可是，我们只要稍稍留心一下就会发现，以前在我们身边的鸟儿，现在不知不觉地越来越少，有些甚至消失了。

那么，是什么原因使鸟类在不断减少呢？

世界上总有一些人喜欢打鸟儿捕鸟儿。有些人是为了好玩儿，却不知道自己是在犯罪。当然更多的人是为了牟取暴利。据报道，美国每年通过非法手续进口的鸟儿，价值超过35万美元。一只灰鹦鹉的卖价近1000美元，这正是那些偷猎者和贩卖者冒险犯罪的吸引力所在。

环境的污染使鸟类难以生存。且不说城市污浊的空气、喧嚣的噪声使鸟儿无法忍受，就是在一些乡村，环境的污染也给鸟类生存带来威胁。

森林、沼泽、滩涂等鸟类栖息地的破坏，使许多鸟儿无家可归，是鸟类减少的最主要的原因。

现在，全世界大约有鸟儿8600种。由于鸟类栖息地的破坏、人类的捕杀和环境污染，许多鸟儿数量减少，约有312种鸟儿的数量已少于2000只。

鸟儿是保护环境的功臣，也是人类亲密的朋友。让我们都来爱鸟儿护鸟儿，让更多的鸟儿在蓝天白云中自由飞翔。

森林——绿色宝库

地球上郁郁葱葱的森林，是自然界巨大的绿色宝库。

森林是一个庞大的基因库，是野生动植物的乐园。森林中植物、动物、微生物种类繁多，物种极为丰富。据估计，地球上有1000万～3000万个物种，而生存在森林中的物种就有400万～800万个。

很多珍贵的药材、食用菌，很多山珍，很多鸟兽，都以森林为大本营。

从生态与环境角度来看，森林是地球之肺，是生态平衡的支柱。森林通过光合作用，维持了空气中二氧化碳和氧气的平衡。除此之外，森林还有许多其他功能。

森林能够保水固土，防止水土流失。

森林能调节气候，防风固沙。森林里，巨大的树冠和树身阻挡了大风，使风速降低，风力变小。森林蒸发的水分可使林区空气湿润，起到调节气候的作用。

森林能净化空气、净化水源，是消除污染、净化环境的能手。林木能吸收空气中的有毒物质，阻留大量灰尘，从而减轻空气污染。

森林还有重要的美化环境、构成美丽景观的作用。许多著名的风景区以森林为主体。如中国的黄山、九寨沟、张家界、长白山等。它们色彩多变的季节景色、郁郁葱葱的无限生机，使有幸涉足者陶醉、流连忘返，得到美的享受。

假如没有森林，人类的生存环境将会大大恶化，沙漠将会不断扩大，洪水将泛滥成灾，许多生物物种将会灭绝，其后果将危及人类生存。因此，只有保护好森林，我们的地球家园才会变得更加美好。

森林是蓄水库

森林能涵养水源，保持水土，被人们誉为"绿色水库"。

森林的蓄水能力很大，据测定，每平方千米林地比无林地能多蓄水3万立方米，造1000平方千米林就相当于建一座3000万立方米库容的大型水库。

森林的蓄水功能对于暴雨季节防止山洪暴发十分重要。在光秃秃的山区，每当暴雨降落，雨水因无阻拦而来不及渗透进土壤，就顺着地表泛流而去，无数径流汇成洪水，浊浪滚滚，泥沙俱下，往往造成洪水泛滥之灾。而在有森林的地方，由于森林的作用，山洪则会减弱、减缓，避免洪灾发生。如在 1975 年 8 月，中国河南中部连降特大暴雨，在暴雨所及范围，板桥、石漫滩两大水库大坝崩决，造成严重危害。而处于同一地区的、有森林植被保护的东风水库，却安全度过了洪峰。

在无雨的干旱季节，森林又能通过巨大的蒸腾作用，将其蕴蓄的水分蒸发到空气中去，增加空气的湿度，凝云致雨，增加林区及附近的降雨量，从而减弱旱情。

在河流水源地区保持良好的森林植被，能够调节径流，改善水的供应，促使林区地带云多、雾多、雨多。由此可见，"山上多种树，等于修水库，雨多它能吞，雨少它能吐"的说法，是很有科学道理的。

树木是抽水机。树木的庞大根系，在地下搜索着每一滴水，然后通过树干不断输送到树叶，再由叶面上的气孔排到空气中。

植物是天然的"空调器"

赤日炎炎的盛夏，人们都喜欢到郊外的森林里去避暑。尽管骄阳似火，可是一旦步入森林，顿时会觉得清凉的空气沁入心田，比空调房舒服多了。这是因为森林里的绿色植物对气候具有调节作用，可使地温、气温、空气的湿度保持在宜人的程度。植物起空调作用的原因很多，但主要有以下四个方面：

屏蔽作用。在植物繁茂的森林里，无数的植物如同无数把大大小小、高低参差的遮阳伞，使炽热阳光不能到达地面，甚至成为不透光的凉棚。

蒸腾、吸热、降温作用。植物的枝叶每天都要吸收、蒸发大量的水分，从而调节温度。在水分变成蒸气的蒸腾过程中，植物要从周围的空气中吸收大量的热量，使其周围空气的温度降低了许多。当水蒸气上升至高空，也就把热量带到高空，这是植物空调与家用空调器的共同原理。

增加空气湿度的作用。植物储存的大量水分，在蒸腾过程中汽化进入空气中，使周围空气湿度增高，从而调节空气的湿度，防止干燥。

　　产生微风的作用。由于植物的降温增湿作用，使其周围的冷空气密度大而产生水平压力向热空气区流动。热空气因密度小，在冷空气压力下就会向天空上升，因此就产生了微风。就是在盛夏时节，人们在树荫下也会感到微风拂面、凉爽宜人。

森林是天然的"净化器"

林木不仅能美化人们的生活环境，而且能吸收毒物，净化大气，是天然的"净化器"。

树木可吸收二氧化硫、氟化氢、二氧化氮及氨等多种有毒物质。虽然各种树木吸收毒物的能力不同，但绝大多数都具有这种净化作用。

所有的树木都可以吸收一定量的二氧化硫，被吸收的硫在树木体内不断转化为亚硫酸及亚硫酸盐，使树体内含硫量逐渐增高，最高时可达到正常含量的 $5 \sim 10$ 倍。

多种树木对空气中的氟化氢都有一定的吸收能力。许多树木对二氧化氮气体的吸收能力较强，只要空气中二氧化氮含量不超过一定的浓度范围，就不能对树木造成危害，并能不断地被树木吸收。氨气也能同样被树木吸收利用。

树木对氯化物也有吸收作用。

树木为什么能吸收二氧化硫呢？原来硫是树体中氨基酸、蛋白质的组成成分，也是树木所需要的营养元素之一。只要大气中二氧化硫的浓度在一定限度内，也就是树木吸收二氧化硫的速度不超过将亚硫酸盐转化为硫酸盐的速度，树木就能不断地吸收大气中的二氧化硫。

此外，树木还能吸收铅、汞、臭氧，以及空气中的醛、酮、醇、醚、安息香吡啉等毒气。有些树木能够吸收一定数量的锌、铜、镉等重金属。

一般常绿阔叶树种比落叶松类树种的抗污染性大，抗性随树种不同而有较大差异。因此要把抗性强的树种，配置在林带的迎风面，起到阻拦和分散污染气体的作用。在工厂区、污染严重的地区，应多栽植常绿阔叶树种。这对防止污染、净化空气是很有好处的。

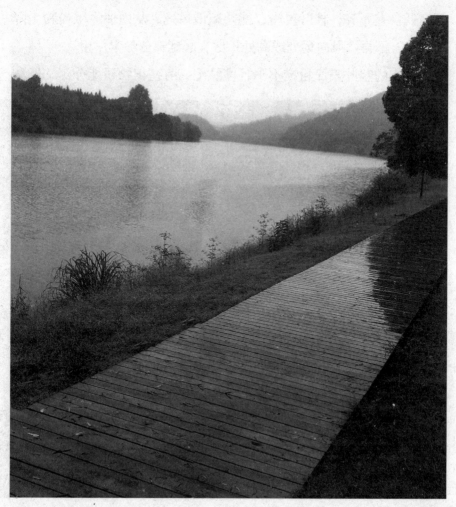

植物是天然的"除尘器"

自然界中许多绿色植物具有十分明显的除尘作用，它们的存在使大气中粉尘的浓度大为降低，人们称之为天然的"除尘器"。

植物对粉尘有过滤和阻挡作用，可使大颗粒的粉尘就近快速沉降。由于植物分布在不同高度的地面上，以及树木、花草、农作物等高低参差不齐，枝叶茂密，能够减低风速，从而使大颗粒粉尘降落下来，不再随风向远处或高处扩散，起到部分除尘作用。

植物的茎叶表面粗糙不平且多绒毛，有些植物还能分泌油脂和浆液，对空气中的飘尘或粒径更小的微粒起到滞留和吸附作用，它们可尽情地捕捉来访的各种粉尘，而且胃口很大，据研究，1平方千米森林每年可吸尘6800吨之多。

一般说来，阔叶树比针叶树吸尘能力强，如每平方千米云杉林每年可吸尘3200吨，松树林可吸尘3600吨，山毛榉林可吸尘达6800吨。

由于植物的蒸腾作用，植物周围的空气中水分较多而比别处潮湿，因此有利于粉尘的相互结合。粉尘结合后借助于重力沉降于地面，从而起到除去空气中部分粉尘微粒的作用。

植物覆盖着地面，使风不能扬起尘土，会减少空气中尘埃的含量，从而起到了预防大气粉尘污染的作用。尤其草地更加显著，因此城市加强绿地建设，是很有好处的。

植物的除尘作用可通过自然力得到再生。落满灰尘的植物茎叶随风摆动，由于茎叶的水汽和浆液作用而黏结在一起的粉尘可随风借重力沉降于地面。茎叶上的灰尘也可由雨水淋洗而落到地面上，从而使植物又恢复了滞尘能力，这样可持续不断地净化空气。

应注意保护红树林

红树林是地球上唯一的热带海岸淹水常绿热带雨林，是一个独特的森林生态系统。

红树，并不是红色的树，而是一种绿油油的冬夏常青树，它与一般的植物不同，不怕又苦又咸的海水，就生长在海滩上，能在海水浸泡的情况下生长。它繁殖的方式十分奇特，它的种子在树上发芽，长成幼苗，成熟后自行脱落，掉到海水里，像轮船抛锚一样插入泥沙中，几小时后就能生根，很快长成一株小红树。如果种子落下时正赶上涨潮，则被海水漂走，待到海水退潮时，便在适宜的泥沙中扎根生长。久而久之，红树依靠这种奇特方式，代代相传，逐渐形成了蔚为壮观的红树林。

海滩长期风浪大、盐分高、

红树林

红树林是红树植物群落的总称，其中以红树为主，还有红茄苳、秋茄、木果莲、角果木等，大都属于红树科植物，故统称红树林。

缺氧，而红树科植物对此十分适应，它们大都有发达的支柱根和众多气根，纵横交错的根系与茂密的树冠一起，筑起了一道绿色的海上长城。当海水涨潮时，红树林便成为水下森林，退潮时，盘根错节的树干立于浅滩上，形态各异，别具一格。

然而，由于人们对红树林的重要性认识不足，把红树繁茂的海滩当作荒芜之地开垦，当地居民砍伐红树林作为烧柴，做饭取暖，使红树林遭到十分严重的破坏，造成水土大量流失，生态环境恶化。

这些行为保护红树林，就是在保护我们自己的家园。我们应该充分爱护和保护红树林，成为红树林的朋友。

海洋环境保护

随着工农业的蓬勃发展，人口的增长，特别是海上油田的开发，海运和其他各种船只的增多，以及大批港口、城市的兴起和扩建，将大量有毒、有害物质倾泻入海，使优美洁净的海洋环境及海洋资源受到污染损害，已经造成许多不良的后果。为了更好地开发海洋，利用海洋，防止污染和资源损害，保护和改善海洋环境，促进良性的生态循环，保障人体健康，维护国家权益，加速海洋事业的发展，保护海洋环境已成为当务之急。

海洋是一个完整的水体。海洋本身对污染物有着巨大的搬运、稀释、扩散、氧化、还原和降解等净化能力。但这种能力并不是无限的，当局部海域接受的有毒有害物质超过它本身的自净能力时，就会造成该海域的污染。

海洋污染是一个国际性的问题。保护海洋环境，防止海洋污染是各国的共同要求。海洋污染的特点是：污染源广，有毒有害物质种类多，扩散范围大，危害深远，控制复杂，治理难度大。因此，海洋污染比起陆上的其他环境污染要严重和复杂。

海洋环境被污染后，其危害难以在短时间内消除。因为治理海域污染比治理陆上污染所花费的时间要长，技术上要复杂，难度要大，投资也高，而且还不易收到良好效果，所以保护海洋环境，应以预防为主，防治结合。

第三章
保护聚落环境

聚落是人类聚居和生活的场所。聚落环境是人类在利用和改造自然过程中，有目的、有计划创造出来的生存环境。人们的一生绝大部分时光是在聚落度过的，聚落环境是与人类的生产和生活最密切、最直接的环境。因此，古往今来，聚落环境都受到人们的普遍关注。

城市规模越大，环境问题可能就越严重。因此，近年来，防止城市化造成的不良影响，改善城市环境，一直是人们极为关注的环境问题。

创造良好的
院落环境

院落环境是人类在发展过程中，为适应生产和生活上的需要而创造出来的基本环境单元，是人们生活、休息、游乐的主要场所。人们在长期的生活实践中，为了生活的需要，针对各地区的特点，结合当地的资源条件，因时因地制宜地创造出各种丰富多彩的院落环境。如东南亚一带巴布亚人筑在树上的茅舍，北极爱斯基摩人的冰屋，中国西南地区少数民族的竹楼，北方传统的四合院，内蒙古草原的蒙古包，黄土高原的窑洞，干旱地区的平顶房，寒冷地区的火墙、火炕等。这些各具特色的院落环境，为人们的生活创造了十分有利的条件。

院落环境在保障人类工作、生活和健康，促进人类发展中起到了积极作用，但也相应地产生了消极的环境问题。比如，南方房子阴凉通风，以致冬季在屋内比在屋外阳光下还要冷；北方房屋则注

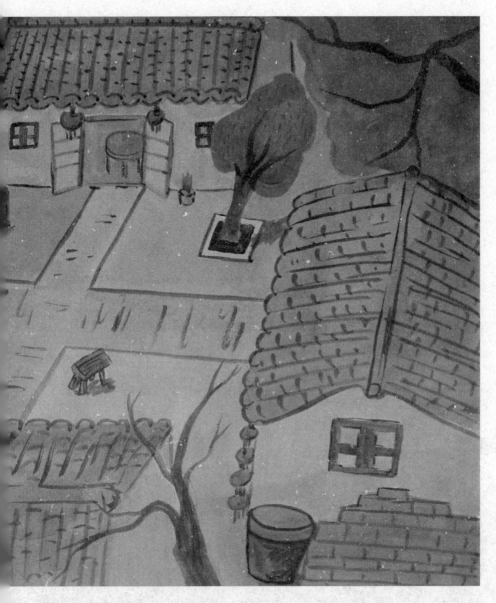

意保暖而忽视通风，以致屋内空气污染，污染源主要来自生活产生的废气、废水及废弃物。所以，今后在院落环境的规划、设计和施工中要加强环境科学的观念，在充分考虑利用和改造自然的基础上，创造出内部结构合理并与外部环境协调的院落环境。

城市热岛效应

　　久居城市的人们都会有这样的体会，盛夏季节的城市里热浪袭人，可一到郊区，就像换了一个天地，顿觉凉爽宜人，其实这是人类活动导致的小气候变化现象。科学家们发现，不仅仅是在夏季，几乎一年四季城市里的温度都比郊区高，只不过是在夏季这种温差变化比较明显，易于被人们感觉而已。道理很简单，城市是人口、工业高度集中的地区，由于人的活动，尤其工业生产活动，会使城区温度比周围郊区温度高，繁华的城区像是一个"热岛"，这一现象被人们称之为城市热岛效应。

那么，为什么会出现城市热岛效应呢？

在城市中，热源非常多，这里人口稠密，工业发达，由于生产、生活、取暖的需要，大量燃烧煤炭、石油、天然气等燃料，燃料中的一部分转换成电能、机械能、热能被利用，其余的则转化为废热散发到大气中。就热电厂来说，煤炭终年不息地在燃烧，它所产生的热能大约有2/3变成废热排入大气或水体中，造成环境热污染。如果乘飞机在工业城市上空俯瞰，在发电厂一类的强热污染地区上空，在静风扩散能力低的气象条件下，常可发现有一块孤立的云区，云区的四周却是晴空，就好像是在城市上空盖了一顶帽子，这是由城市排污和热污染形成的。

城市垃圾处理

为了控制城市垃圾对城市环境的危害，多年来人们一直在苦苦寻找城市垃圾的处理方法，并在长期实践中形成了一系列的行之有效的方法。目前广泛应用的有压缩处理法、填埋处理法、焚烧处理法和堆肥处理法。

压缩处理法。对于一些密度小，体积大的城市垃圾，经过加压压缩处理，可以减小体积，便于运输和填埋。

填埋处理法。城市垃圾填埋是一种最古老的处理方法，早在公元前1000年以前，希腊克里特岛首府克诺索斯就将垃圾分层覆土，埋入大坑中。因为成本低，所以世界各国从古至今都广泛沿用这一方法。

焚烧处理法。在一些缺乏垃圾填埋场地的城市，可采用焚烧法处理城市垃圾，达到无害化和减量化的目的。此法适用于处理可燃物较多的垃圾。

垃圾焚烧后产生的热能，可以用来生产蒸汽或电能，也可用于供暖或生产的需要，据计算，每焚烧5吨垃圾，可节省1吨标准燃料，在目前能源日渐紧缺的情况下，利用垃圾焚烧产生的热能，具有重要现实意义。

堆肥处理法。堆肥法是中国、印度等东方国家处理垃圾、制取农肥的古老方法，也是当今世界各国均在研究利用的一种方法。堆肥法是使垃圾中的有机物在微生物作用下，进行生物化学反应，最后形成一种类似腐殖质土壤的物质，可用做肥料或改良土壤。

垃圾能源

世界性的能源危机，迫使人们寻找新的可利用的能源。随着垃圾中可燃物的增加，不少国家把垃圾作为能源的潜在资源，致力于从垃圾中回收能源的研究工作，已取得了令人可喜的成果，这为解决能源问题开辟了新的途径。

垃圾中常含有较多的可燃物，如在城市垃圾里一般含有30%的可燃物，有的只需添加些辅助燃料便可燃烧。许多国家采用焚烧法来处理垃圾，日本、美国等国家利用焚烧法处理垃圾数量目前已达60%以上。垃圾焚烧后，体积可缩小到原来体积的5%左右，无菌消毒彻底，而且焚烧产生的热量还可以用来发电和供热，既解决了垃圾处理问题，又提供了新的能源。如日本横滨每天焚烧垃圾600吨，发电2800千瓦·时。美国纽约享晋特德发电厂每年处理垃圾60万吨，可发电2.5亿千瓦·时。

国外燃烧4吨垃圾产生的热能与1吨煤油大致相同，利用垃圾发电已在许多国家开展起来，据报道，目前日本已建立垃圾发电厂20余处，用垃圾中分选出来的可燃物质直接发电，他们估计，若把全国的垃圾用来发电，足够1000万人的家庭用电需要。德国从1985年到1990年建立起10个垃圾发电厂，总发电能力达 3.5×10^8 千瓦·时。美国建成垃圾发电站70余座，其发电能力更为可观。

垃圾是宝贵的财富

提起垃圾，人们会自然地把它同废物联系起来。其实，从科学的意义上来说，垃圾并不等同于废物，许多垃圾都有利用价值，可以作为二次资源加以利用，人们可以从中获得大量的有用资源。所以我们不能一味地把垃圾当成"包袱"，而应当将其视为丰富的再生资源的源泉。

回收利用垃圾中的有用成分作为再生原料，具有一系列优点，其收集、分选和富集费用要比初始原料开采和富集的费用低得多，甚至要低好几成，并且可以节省自然资源，缓和自然资源的紧张状况，更重要的是还可以避免环境污染，具有良好的经济效益、社会效益和环境效益。

垃圾中所含废纸是造纸的再生原料。由于纸张和纸板的需求

据测算，垃圾的成分按重量划分，有废纸类40%，黑色和有色金属3%～5%，废弃食物25%～40%，塑料1%～2%，织物4%～6%，玻璃4%，以及其他物质。大约80%的垃圾为潜在的原料资源，可以重新在经济循环中发生作用。

量的迅速增长，导致了森林资源的衰竭，而处理利用100万吨废纸，即可避免砍伐600平方千米的森林。中国废纸回收率为22.4%。

处理垃圾所含废黑色金属，可节省铁矿石炼钢所需电能的75%，节省水40%，而且显著减少对大气的污染，降低矿山和冶炼厂周围堆积废石的数量。120～130吨罐头盒可回收1吨锡，相当于开采冶炼400吨矿石，这还不包括经营费用。

奇特的垃圾景观

垃圾不仅可以作为再生资源加以利用，而且可以用来装点江山，美化人们的生活环境。

目前世界各国垃圾处理大多数以卫生填埋为主，工业发达国家卫生填埋处理的垃圾占垃圾总处理量的 60% 以上。经过卫生填埋处理回填完毕的场地，常可留做公园、绿化地，也可开辟为游乐场等。美国弗吉尼亚州的一个滨海城市，用 64 多万吨垃圾建成一个优美的垃圾山公园。公园内设有野餐区、球场、滑冰场及供放风筝的宽敞场地，还有一个可供划船和钓鱼的湖。这个湖的旧址原是一片沼泽地，土被取做覆盖垃圾之用后，这里辟为秀美的湖面。人们用智慧和劳动，使昔日污染环境的垃圾场，变成了供人休息、游玩的乐园。

中国的天津市每年要产生 150 万吨垃圾，长期苦于找不到妥善的安置办法。1986 年起，天津市政府开始在水上公园南侧堆积一座垃圾山，共用 860 万吨垃圾，把天津市多年的垃圾全部堆上去，堆山的垃圾经过卫生处理后，分层覆盖黄土，又在山上修建亭台楼阁，植树种草，山旁挖一人工湖，形成一处有山有水、景色宜人的风景区。

　　印度的昌迪加尔市，有一座风格独特的花园，园内有用碎陶器和五颜六色碎石镶嵌的装饰图案，有用啤酒杯、茶缸、碎瓷器和未燃烧完全的煤块等拼砌的拱廊、厅堂和塑像等。园内处处草青竹翠、花香鸟语。这个令人赏心悦目的花园就是用垃圾建成的。

恶臭污染的治理

随着人们生活水平的不断提高，对优美舒适的环境要求日益迫切，恶臭污染的治理也越来越引起人们的重视。

治理恶臭应先控制污染源，减少恶臭物质的散发量。在控制污染源的基础上再根据发臭的原因采用适当的方法除去恶臭物质，使恶臭物质的浓度降低到嗅阈值以下，或达到规定的标准要求。常采用除臭方法有以下几种：

臭气由多种可溶于液体的成分组成，可用洗涤法除去。洗涤法就是用水或其他洗液把恶臭成分除去的方法。

水洗法是在洗涤装置中用水或海水将恶臭物质溶解的脱臭法。有时为了提高除臭效率，向水中加入不同的洗涤液，分段洗净，可收到更好的效果。

燃烧法是在高温条件下把恶臭成分氧化分解，使其变成无味或臭味较小的物质，从而达到除去臭味的目的。用燃烧法处理恶臭物质，其浓度愈高愈便于燃烧，

活性

节省能源。

　　活性炭吸附法是利用活性炭做吸附剂吸附恶臭分子。吸附除臭的工艺流程是把活性炭吸附剂置于吸附塔内，让恶臭气体从塔中通过，从而达到除臭的目的。用活性炭吸附效果好的有醇类、硫醇、羊脂酸、酪酸、石油系恶臭。一般恶臭物质的浓度越低，对吸附过程的进行越有利。所以这种方法多用于臭气量不大而浓度又低的场合。

外表面

内表面

活性炭空隙

恶臭分子

电磁波污染源及其防护

电磁波污染有天然的电磁波污染和人为的电磁波污染两种。

天然的电磁波污染是由某些自然现象引起的，最常见的是大气中由于电荷的积累而产生的雷电现象，它除了可能对电气设备、飞机、建筑物造成危害外，还会产生明显的电磁干扰。火山喷发、地震、宇宙射线和太阳黑子活动引起的太阳磁暴等也会产生电磁干扰。

人为的电磁波污染主要有脉冲放电、工频交变磁场、射频电磁的辐射等。

怎样来防止电磁波污染呢？

合理设计使用各种电器电子设备，对于已经进入到环境中的电磁辐射，要采取一定的技术防护：

区域控制及绿化。对于工业集中城市、电子设备密集使用地区，可将电磁辐射源相对集中在某一区

工频场源主要指大功率输电线路产生的电磁波污染，如大功率电机、变压器、输电线路等产生的电磁场，它不是以电磁波形式向外辐射，而主要是对近场区产生电磁干扰。射频场源主要是指无线电、电视和各种射频设备在工作过程中所产生的电磁辐射和电磁感应，这些都会造成射频辐射污染。

域,使之远离一般工作区或居民区,并对这样的区域设置安全隔离带,从而控制电磁辐射的危害。

采取屏蔽保护的方法来减轻电磁污染的危害。使用某种能抑制电磁辐射扩散的材料,将电磁场源与其环境隔离开来,使辐射能被限制在某一范围内,达到防止电磁污染的目的。

吸收防护法。采用对某种辐射能量具有强烈吸收作用的材料,敷设于场源外围,来防止大范围污染。这种方法对于近场区防护微波辐射危害效果较好。

从传播途径上控制噪声污染

噪声是一种物理污染，从声源发出后在传播过程中能量随着距离的增加而衰减，噪声的辐射具有指向性，噪声的这些特性使人们从传播途径上减噪成为可能。

目前的科学技术水平，还不能使一切机器设备都达到低噪声，这就需要在声音的传播途径上想办法去控制噪声。简单的办法是把声源安置在远离需要安静的地方或在噪声的传播方向上建立隔声屏障，如日本在机场和高速公路边都设置了隔声墙或种植绿化带，让绿色植物的茂密枝叶使声波发生多次反射和折射，以此来达到减噪的目的。

吸声主要是利用吸声材料和吸声结构来吸收声能。交通噪声也可以用吸声的办法解决，德国在许多大城市修筑了吸声路面，路面修筑时用的沥青较少而碎石较大，路面上有许多空隙，能把汽车发动机的声音吸收一半，使交通噪声大为减轻。

空气中传播的噪声可采用隔声的办法来降低。隔声就是用屏蔽物将声音挡住，隔离开来。在建筑房屋时，修建有空气夹层的两层墙，墙中填多孔水泥砖、玻璃棉、矿渣棉等吸声材料，可减少户外噪声传入室内，也可减少相邻房间噪声的相互干扰。

波兰还研制出了一种双层结构的防噪声玻璃，其隔声效果极佳，当室外声音达 40 分贝时，室内声音才只有 13 分贝。

消声是利用消声器来降低空气声的传播。常用来控制风机噪声、通风管道噪声、排气管噪声等。只要把消声器安装在空气动力设备的气流通道上，便可以降低这种设备的噪声，同时又不妨碍气流的通过。

噪声的治理

噪声对人的身体健康有害。长期处于强噪声环境下的人，中枢神经系统有可能失调，大脑皮层兴奋和抑制失去平衡，导致人头昏脑涨，食欲不振，睡眠不好；还可能引起某些人的血压升高，加速动脉硬化的进程。所以说噪声是健康的杀手。

如何防治噪声呢？

传统的治理噪声的方法是从声源上，声音的传播途径上，以及接收点上来控制噪声。比如改善机械装置，使噪声的产生量减少；

频率

振幅

相位

采用玻璃棉、泡沫塑料等来防止噪声的传播。如果上述两种方法失败，则可以采用耳塞、耳罩等人为防护措施。

国外采用反噪声来消除噪声，以噪治噪，取得令人满意的效果。噪声是一种声波，它具有物理学振幅、频率、相位的特性，科学家就是根据这种原理将一种与某种噪声频率、振幅相同，而相位相反的

在 20 世纪 90 年代初期，奥地利科学家发明了一种能够吃掉噪声的筑路材料，这种材料就是多孔沥青混凝土，利用这些材料上的小孔和它本身拥有的弹性，能够把机动车在路面上行使的震动能转化成材料内部的热能散发出去，从而使震动和噪声都迅速减弱。

声音来抗噪声。具体方法就是在噪声发生的地方安上一个话筒，收集其发出的噪声，再用计算机的传感器测出该噪声的频率、振幅、相位，然后将这种噪声复制下来，在与原来噪声相位相反的位置释放复制的噪声，就能够使峰谷和峰底相互消长，达到以噪治噪的目的。当今有关专家认为，以噪治噪是一种大有前途的消除噪声的方法。

应注意预防电脑病

人们通过对电脑病的调查研究，针对各种电脑病症状的形成原因，提出了一些行之有效的预防电脑病的措施，对预防电脑病起到积极作用。长期从事电脑操作的人员，应加强自我保健意识，在工作中可采取如下措施预防电脑病的发生。

要创造一个合适的工作环境。室内的光线要适中，不可过亮或过暗，并且要避免光线直接照射屏幕，以免产生干扰光线，应让光线从左面或右面射进来为宜。屏幕颜色以绿色较好，亮度适中，以防刺激眼睛。有空调的房间应定期进行室内空气消毒，如在门旁安装负离子发生器更好，以控制污染。同时，要常开门、窗，以利空气流通，常用换气机更换室内空气。

选择正确的坐姿。操作电脑时要选择可调节高度的座椅，背部

有完全的支撑，膝盖约弯曲90度，坐姿舒适。电脑屏幕的中心位置应与操作者胸部在同一水平线上，眼睛与屏幕的距离应在40～50厘米，身体不要与桌子靠得太近，肘部保持自然弯曲。

若连续在屏幕前工作较长时间，应该定期休息。日本劳动省曾规定，电脑操作人员应每隔1小时休息10～15分钟。休息时应站起身来活动活动手脚，也可到室外放松一下，这样对身体健康十分有益，为了保护视力，可以看看远处或绿色植物，或做一会儿眼保健操，使眼部肌肉得到放松。

手机污染及其防范

自从摩托罗拉公司推出世界上第一台移动电话后，这种小巧灵便的通信工具便受到人们的格外偏爱，并迅速而广泛地渗透到现代生活的每一个角落。据统计，目前全世界手机用户在不断增加，人们手持灵巧美观的手机，进行繁忙的业务联系和通讯交流，已是人们生活中司空见惯的情景。然而，就在这潇洒和方便之中，使用者也受到了过量的高频率电磁波（超短波）的辐射污染的伤害。

手机是在超短波段工作，其功率比微波炉还大，当人受到超短波频率无控制的辐射时，会产生头痛、头晕、疲倦无力、周身不适等症状，多次重复辐射，危害更大，不仅症状加重，严重者可导致白内障。当然，不同功率的手机因其所发出的电磁辐射强度不同，对人体的危害也不同。目前手机辐射强度一般在每平方厘米 1800～2000 微瓦。中国的《环境电磁波卫生标准》中规定，手机范围内的一级卫生标准为每平方厘米 10 微瓦。显然，手机的电磁波辐射强度远远超过国家标准，会产生较强的电磁波污染，而电磁波污染对人体的伤害作用早已被医学所证明。

　　防患于未然是保护自己的最好办法，人类不会因手机的电磁辐射而弃之不用，也不会听任其对自己造成伤害。专家们告诫用户，使用时应当"短讲、远离、勤换"。勤换是指使用时可在左右耳之间轮换。另外，在日常生活、工作中，要尽量少用手机，把它作为临时性的通信工具，以减少电磁波对自己身体的伤害。

预防电视机的危害

电视机早已经是家庭中最为普及的电器之一，它极大地方便了人们的生活和学习，给人们的生活带来了无穷的乐趣。可是，由于使用不当及缺乏自我保护意识，电视机也给人们的身体健康带来许多危害，应该引起人们的注意。

长时间地收看电视，会对人的视力产生不利影响，可导致视力下降及各种眼病发生。看电视时，五彩缤纷的画面使人眼花缭乱，看时间长了，眼球受彩色光波的刺激，往往会发生暂时性视力减退，会感到看东西模糊。据调查，如果连续收看4小时的电视，人的视力就会暂时减退30%，长期下去视力会明显下降。

据报道，一些国家冬季流行一种干眼症，出现眼痛、眼内干涩不适、有异物感等症状，其原因就与看电视有关。这是因为眼泪的分泌同眨眼次数相关。眨眼次数越多，眼泪分泌量就越多，反之则少。收看电视时，长时间注视屏幕，目不转睛，很少眨眼，加之冬季气候干燥，已减少的泪液又很快蒸发，这样就会破坏滋润眼球的泪膜的形成。而泪膜具有滋养、

保护角膜、屈光等功能。眨眼次数的减少和干燥的天气，影响泪膜的形成，使角膜失去泪膜的保护，导致干眼症的发生。

电视机工作时还会在其附近产生大量的静电荷，它们可使空气中的微生物和变态粒子黏附在人的脸部皮肤上，长出难看的黑色斑疹，影响人的形象，有人称之为"电视斑疹"。因此，看电视结束，一定要洗脸，避免黑色斑疹的形成。

让绿色拥抱城市

城市人口集中，建筑密集，大气污染、噪声污染比较严重。怎么办？只有在城市里大力开展绿化，植树、栽花、种草，让绿色拥抱城市，才能改善城市的生态环境。

用绿色植物改善城市环境是行之有效的方法，世界上许多城市已经取得了成功的经验。绿色植物不仅能吸收二氧化碳，放出大量氧气，还具有吸毒、除尘、杀菌、减噪、防风、蓄水及调节小气候，美化市容等多种作用。

城市绿化对城市空气的净化作用更为明显。一些植物能分泌杀菌素，将飘浮在空气中的细菌杀死。植物枝叶茂密，能起到阻挡灰尘的作用，有些植物的叶子表面有许多气孔、绒毛及其分泌的黏液，能吸附或粘住大量的尘埃。草地覆盖地面，还能防止尘土飞扬，自然也减少了空气中的细菌和灰尘。

绿化植物消除城市噪声的作用也很明显，植物的茎叶表面粗糙不平，叶子上有大量微小的气孔和绒毛，像凹凸不平的吸音器材，具有良好的消音效果，因此在城市中的林荫大道上往往比较宁静。

绿化植物还能调节居住区的局部小气候。由于植物的蒸腾作用，能产生吸热、降温，增加空气湿度的效果。据测定，1万平方千米绿地的降温效果，相当于500台空调机。所以春夏期间人们在草地附近散步，会有一种清新凉爽的感觉。

旅游污染和生态旅游

旅游业向来被称为一本万利的"无烟工业"，因为旅游业既能增加国民收入，又不会像发展工业那样污染环境。其实不然，随着旅游业的不断扩大，同样带来了一系列的环境污染。

在旅游建设发展中，不合理的开发建设往往会造成环境公害。如建园林亭台楼阁、云墙假山等旅游设施，若不注意环境保护，就会破坏旅游区内生态环境的自然调控能力，破坏自然景观。

旅游景点都有一定的承载量。但是，现在有许多旅游景点只图经济效益，只顾增加旅游收入，大大增加游客量，尤其是在旅游旺季或节假日时的一些著名旅游景点，游客蜂拥而至，拥挤不堪，不仅影响游客的人身安全，而且造成环境污染。

在一些海边、江湾等旅游景点，昔日曾是松软迷人的白沙滩，可是近年来，随着旅游事业的开发和发展，越来越多的游客践踏，并乱扔各种废弃物质，渐渐使之变黑变硬。沙滩上的垃圾、死畜、污水随处可见，海面上废物、油污随波漂浮，这不但破坏了旅游景观，而且还影响了附近居民的生活和淡水养殖生产。

　　近年来人们又提出了"生态旅游"。生态旅游是在不损害野生动植物、不危害环境、不破坏人文古迹的条件下，让人们投身自然、回归自然、欣赏自然景观，领略自然风光，享受自然乐趣。如今，在许多国家，生态旅游已成为一种时尚。

第四章
保护生产环境

　　人类衣食住行所需的全部物质，都取自环境，而人类生产和生活过程中所产生的各种废物、排泄物，又都全部地返回到环境中去。人类的生产活动是伴随着适应环境、改造环境而发展起来的。人类的生产活动也无时无刻不在影响着环境，改变着环境，在创造巨大物质财富的同时，也带来了相应的环境问题。

绿色汽车

"**绿**色汽车"是环保汽车的美称。这种汽车几乎没有噪声，也不排放有害气体，不会污染环境，其他功能则和普通汽车一样。在环境问题日益引起国际社会密切关注的今天，为了让人类有更好的生存环境，各大汽车制造厂都在想方设法研制绿色汽车。

绿色汽车的核心与关键是采用一种完全不同于传统的发动机。这就需要用最新的科技成果来改造发动机，并采用新型燃料代替汽油柴油。英国无污染公司研制的绿色汽车已经行驶在伦敦街头，这种汽车的发动机以碱性电池驱动，它既可以产生能量，也能储存能量。其工作原理和工作方式是：如果你在水中通电，就可以得到氢和氧；反之，如果你把氢和氧放在一起，就可以得到电和水。氢来自高压电瓶，氧取自于空气。由于不发生燃烧，排出的唯一气体是水蒸气。所以这种汽车的发动机乃至整个车身，看上去十分清洁。这种汽车问世后，受到人们的欢迎，很多汽车公司纷纷效法，也相继推出了各自的环保汽车。如宝马公司一直致力于清洁燃料汽车的开发研制，其研制的宝马 3200 和 5239 均为双燃料汽车，既能采用天然气，又可以汽油为动力。当采用天然气做燃料时，二氧化碳排放量比燃料电池低 10%，在夏天，烟雾排放量可减少 95%，大大减少了对环境的污染。

汽车在给人们带来舒适、快捷、方便的同时，也消耗了大量的能源，并给环境造成大量污染。绿色汽车的产生，有效地解决了普通汽车给人们带来的难题。

生态建筑

随着世界环境污染的日益严重，人们回归自然的愿望越来越强烈，尤其是久居城市的人们，更希望能到郊外去呼吸一下新鲜空气，领略一下自然风光。当然，如果置身室内就如身处自然一样，那就更是人们所求之不得的。为了迎合人们的需求，一种新一代的建筑——生态建筑应运而生，它恰恰满足了人们回归自然的美好愿望。

生态建筑不使用工业社会带给我们的一系列化学墙体材料，因为许多工业建材，尤其是一些化工涂料往往含有一些挥发性有毒物质，严重危及室内人员的身体健康。为此，生态建筑完全以木材、毛竹、泥土、石头、草等无污染的天然物质为原料，这样不仅可以巧妙地利用自然资源，而且不会带来任何环境污染。

生态建筑结构的设计，密切地结合当地的

自然条件，在节省资源和能源、降低造价和居住费用等方面都有充分的考虑。在阳光较强且炎热的地方，深屋檐和凹进的窗户可以使建筑物避开阳光；在较冷的地方，可在窗子上安装反射器使阳光折射到建筑物深处，使人能在建筑物中享受较多的阳光；一些降雨较多的地方，可用简单的装置储存雨水，用来冲刷厕所；而缺水的地方，可将浴缸和洗涤用的脏水送至抽水马桶，可以节省大量水资源。机械设备的减少使人们的生活环境变得简单而舒适，节省了大量资源，减少了环境污染。

绿色食品

绿色食品并非指绿颜色的食品，而是指经过专门机构认定，允许使用绿色食品标志的无污染的安全营养型食品。

绿色食品是一种出自最佳生态环境的无公害食品，它是农业、畜牧业、环境保护、营养、卫生各门科学相结合的产物。绿色食品不含任何农药残留、重金属和其他对人体有害的物质，是一种"吃之安全""绝对放心"的营养食品。作为绿色食品，必须满足以下条件：

原料产地必须具有良好的生态环境，即各种有害物的残留水平符合国家规定的允许标准。

原料作物的栽培管理必须遵循一般的技术操作规程，化肥、农药、植物生长调节剂等的品种、用法、用量和施用期等必须严格遵循国家制定的安全使用标准，为家畜、家禽提供的饲料必须符合国家规定的饲料标准。

生产、加工、包装、储运、销售等各环节，也必须符合国家食品卫生法。

最终产品必须经国家有关食品监测中心按国家食品卫生标准检验合格才可出售。

绿色食品的标志为正圆形，图案由上方的太阳、下方的叶片和中心的蓓蕾三部分构成，描绘出一幅灿烂的阳光下作物苗壮成长的生机勃勃的景象。

绿色包装

在现代商品社会中，产品的包装显得越来越重要，好的包装不仅能美化商品，而且起到广告和促销的作用。为此，制造商们不惜重金为商品乔装打扮。然而，再漂亮的外衣用过之后，也会变成垃圾，特别是被人们称之为"白色污染"的各种塑料垃圾，大有泛滥成灾之势，成为污染环境的一大公害。令人可憎的是这些难以回收利用的塑料即使深埋地下上百年也不会降解消失，对生态环境构成严重威胁。要想科学地解决白色污染，最好的办法就是发展"绿色包装"。绿色包装是指可以回收利用，具有环保功能的包装。面对要求绿色包装的呼声，人们开始寻找和开发新的包装材料，各个国家也都纷纷采取了有效的措施。

中国也非常重视绿色包装，国家环保局等部门在北京等地大力推行可降解塑料袋等制品，这种塑料具有可控制的使用寿命，在使用期限内保持应有的性能，一旦废弃在自然环境中就会自动分解，变成对环境无害的水和二氧化碳等分子。上海嘉宝包装公司引进先进设备研制成纸浆模型制品，这种产品采用天然植物纤维，以芦苇浆、蔗渣浆、木浆等为原料，经科学配方，模压成型而制成。它是代替泡沫塑料餐具的理想产品，具有无毒、耐水、耐油、用后可回收也可自行降解等优点。

绿色包装势在必行。相信绿色包装的推广，会对防止环境污染、改善环境起到重要作用。

绿色纺织品

随着绿色食品的出现，消费者不仅要求食品是绿色的、无污染的，而且要求自己的衣食住行都要不受污染。因此，绿色纺织品也成为新的时尚。

绿色纺织品作为一种对环境无污染、对人体健康不会产生影响的纺织品，受到人们的格外关注，是众多纺织品中最受消费者青睐的产品，纺织工业界也正在致力于生产各种绿色纺织品以满足消费者对其日益增长的需求。

目前，美国、日本等发达国家已经越来越多地采用有利于生态环境的纺织纤维和纺织生产来制造无污染的绿色纺织品。例如在天然纤维中，扩大有机棉、彩色棉的种植，选择大麻纤维作为纺织原材，在化学纤维中，采用溶剂法纤维素纤维及再生涤纶纤维，在染整工艺中采用无污染的染料等。

绿色纺织品的"绿"贯穿于整个生产过程中，尤其是在原料和染料的选取中，必须达到减少环境污染、对人体无害的要求，不仅节省原材料，节省能源，而且穿起来还要舒适、美观。

绿色纺织品采用的有利于生态环境的纺织纤维主要有有机棉、天然彩色棉、纤维素纤维和无染色羊毛。

　　有机棉就是在棉花生长过程中，不使用各种化学代替品，如农药等，也不能使用含有毒物质的污水灌溉。在地下水、土地中等不存在有害化学残留物，不会给环境带来污染。

　　天然彩色棉是一种特殊繁殖的棉花品种，在棉花的梗颈上产生彩色纤维，因此可取消棉织物和染色过程，有利于减少污染。

生态农业

生态农业就是根据生态学的理论，充分利用自然条件，在某一特定的区域内建立起来的农业生产体系。在这个系统内，因地制宜合理安排农业生产布局和产品结构，投入最少的资源和能源，取得尽可能多的产品产量，保持生态的相对平衡，实现生产全面协调地发展。

生态农业的实质就是因地制宜地利用各种不同的技术，来提高太阳能的利用率、生物能的转化率和废弃物的再循环率，合理配置生产结构，使农、林、牧、渔业以及加工业、运输业、商业等得到全面的发展。在取得经济效益的同时，取得良好的环境效益和社会效益。

中国珠江三角洲地区的桑基鱼塘是典型的生态农业。其具体做法是：在鱼塘四周种桑，以桑养蚕，蚕蛹、蚕粪下塘养鱼；种植甘蔗，榨糖，用蔗叶养猪，用猪粪养鱼；含有大量鱼类排泄物的塘泥用作种植桑树、甘蔗的肥料。1976 年以后，又发展了沼气，沼气渣既用作肥料，又做鱼饲料，还可用来培育蘑菇。形成了一个良好的生态循环。

　　世界上越来越多的农业专家与政府，都在积极倡导减少化肥和农药的施用，多施用有机肥，发展生物肥，兴起农业的"绿色革命"。中国生物肥料的生产应用走在世界前列，涌现了一大批先进的生物肥料。

预防食品污染

食品是人类赖以生存的物质基础。常言道，"民以食为天"，食品质量的好坏直接影响人体健康。品质良好，合乎卫生要求的食品，可以保证人体健康；反之，质量低劣，受到污染的食品，则会严重威胁人体健康，甚至使人害病致残，从而妨害人的工作与生活。

食品污染是指人们食用的各种食品，如粮食、水果、鱼、肉、蛋、糕点、罐头等，在生产、运输、包装、贮存、销售、烹调、食用过程中混进了有害有毒物质或者病菌。由于食品的形成过程复杂，中间环节多，周期长，其间各种有毒有害物质，随时可能乘虚而入，混进食品。例如环境污染物可污染农作物，粮食储存过程中发生霉变，食品加工工艺中添加的物质，运输和销售中接触的各种有害物质等。所以食品污染的途径很多，稍有疏忽，就会造成污染。

显而易见，食物主要来源于植物，而植物生长于土地并需要水和空气，因而土地、空气和水的污染必然会导致植物产品的污染，进而导致食物污染，危及人体健康。

在食品的加工或烹调过程中，可使一些污染物加入食品中去。烹调是赋予食品“色、香、味”的重要手段，但烹调可使蛋白质等游离出氨基酸和二级胺，从而易与亚硝酸盐发生作用，生成致癌的亚硝胺。

粮食或加工食品在储存过程中，可因防虫灭菌需用一些有毒药剂熏蒸而造成污染，更可能因霉变而污染。鸡蛋变臭、蔬菜腐烂等主要是细菌、真菌在起作用。

谨防食品添加剂的污染

在食品的生产、加工、包装、贮存等过程中，为了保持食品的营养，防止腐败变质，改善食品的质量，常人为地加入各种天然或人工合成的添加料，这些添加料统称为食品添加剂。

食品添加剂是食品的重要成分之一，它对于改善食品贮存和增强食品的色、香、味方面具有重要作用。如为了使食品呈现各种美观的色泽，需要添加色素；要使食品具有人们所喜欢的甜、酸、苦、辣等味道，就要加入各种调味品；要吃得香，就要添加香精、香料等；为了阻止食品释放水分，则需使用保水剂；为使食物营养保持稳定、不变质，则要加入少量氧化剂和防腐剂等。

亚硝酸盐

近几十年来，食品加工业有了很大发展，食品种类不断增多，食品添加剂的用量也不断增加。经研究人员试验，发现大多数天然物质无毒或毒性较小，而许多合成的添加剂常成分不纯，甚至含有少量有害物质，尤其是过量使用时会污染食品，对人体产生毒害作用。更有少部分添加剂对人体危害较大，现已禁止使用。

近年来，滥用食品添加剂对食品造成的污染问题日益严重。

防腐剂

添加剂

非法

一些食品制造商为了追求"色、香、味",借以招揽顾客,扩大销路,获取高额利润,不按规定的标准任意滥用添加剂,有的甚至还使用被禁止的有毒添加剂;有的误将有毒成分混进添加剂,间接污染食品,使食用者中毒;另外,还有一些原来认为"无毒"的添加剂,实际上具有慢性毒性,将其加入食品,供应市场,人们长期食用则会慢性中毒。

合理使用农药

我们知道，虫害、病害和杂草是农业生产的三个大敌。其中虫害对农业危害最大，虽然吃庄稼的害虫种类不是很多，可它们都是大肚汉，吃起庄稼、果树、蔬菜来，饭量大得惊人。因此如果不使用农药，粮食的 50% 会被各种病虫害所吞噬。

因为病虫害对人类的害处很大，所以人类一直在想方设法消灭虫害。人类和病虫害斗争的最有利的、最具杀伤力的武器就是农药。最早使用化学农药的是古希腊人，他们用硫黄灭虫，用盐除草，马

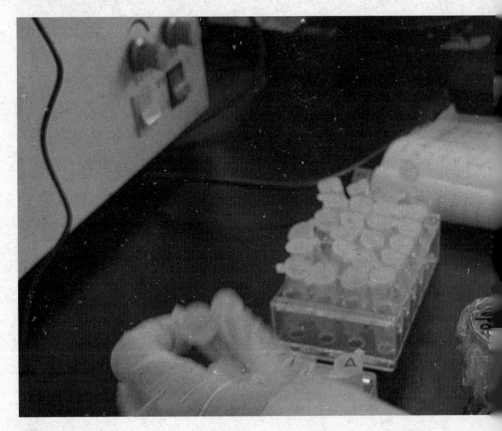

哥索罗曾把一种从除虫菊中离析出来的东西作为农药由远东带入欧洲。此后农民开始用天然的有机化合物作为农药。1763 年，法国人用烟草和石灰粉治蚜虫，1800 年，美国人发现除虫菊粉可杀灭虱、蚤，并于 1828 年将除虫菊花加工成防治害虫的杀虫粉。这类药剂的普遍使用，是早期农药发展历史的重大事件。

农 药

农药是指用来防治农作物及农副产品的病虫害、杂草及其他有害生物的药剂的总称，主要包括杀虫剂、除草剂、杀菌剂等。实践表明，合理使用农药是保证农业生产获得丰收的一项重要措施。

农药生产和使用的迅速发展，对促进农业生产起了积极作用。全世界因施用农药可挽回粮食总收成的 15%。据报道，在美国，不使用农药，农作物和畜产品产量将减少 30%，农产品价格至少上涨 50% ~ 70%。但是，过度使用农药也有一定的危害，农作物中农药含量过高，食用时容易有农药残留，对人的身体有害。所以，一定要合理使用农药，不要使用国家禁止使用的农药。

病虫害的生物防治

化学农药长期大量使用给人类带来的破坏作用逐渐显现出来，空气、水源、土壤和食物都受到了农药的污染，农药残毒积累在农畜和人体当中会引起中毒，全世界每年约有 200 万人因使用化学农药而中毒，其中大约有 4 万人死亡。并且，长期使用某些化学农药，已使一些害虫产生抗药性，有抗药性的害虫目前已有400余种。为此，科学家们一方面在研制高效、低毒、用后能很快分解的新型化学农药，同时也在注意寻找其他途径来防治病虫害。于是生物防治虫害的方法引起人们的广泛关注。

生物防治就是利用天敌防治有害生物群体。自然界中的每种害虫都有一种或几种天敌，利用它们可有效地抑制害虫的生长繁殖。这种方法自古就有，中国用生物防治害虫的历史可追溯到1000多年前的晋、唐时期，那时已有用放养黄蚁来防治柑橘害虫，并取得良好效果的记载。现在人们对生物防治的认识比前人深入得多。科学家认为，生物防治害虫是最有效的途径之一。这是因为有效的天敌种群一经建立，它们就会去找寻有害生物并消灭它们。只要这种情况不被人为破坏，有害生物就会被它们的天敌控制在低水平上，而且有害生物的天敌会与有害生物共同进化，有害生物不可能产生抗性。生物防治还不会产生不良的副作用，是一种非常有效的防治虫害的手段。

生物防治具有成本低、无残毒、不污染环境、对人畜安全等诸多优点，因此很有发展前途，将会在防治病虫害方面发挥更大的作用。

污水灌溉农田的利弊

污水灌溉有着悠久的历史，公元前的雅典以及古代的中国都曾利用污水灌溉农田。因为污水中含有许多植物生长所必需的养分，特别是氮、磷和钾，还有多种微量元素。因此用污水灌田可以节约农业用水，同时还可促进农作物生长，起到一定的增产作用，并且它还是一种既经济又节省能源的污水处理方法。

不过，污水灌溉农田虽有许多好处，但是目前人们仍不提倡用污水灌田，因为污水里往往含有各种有毒有害物质，在灌溉过程中这些有害物质会随同污水一起进入农田，沉积在土壤里，造成土壤污染，带来极大的危害。有毒物质先污染水体，再污染土壤，人们称为水污染型土壤污染。这在土壤污染中占相当大的比例。据报道，日本的土壤污染有80%是由于污水造成的。

污水主要来源于生活污水和工业废水，生活污水中可能含有病原体，如医院、生物制品厂等排放的污水。工业废水中常含有镉、铜、锌等金属，酚、氰化物及其他有机、无机化合物等有毒物质，它们进入农田，沉积于土壤中，被农作物吸收，残留于作物的茎、叶、果实和种子内，人食用这些作物后，危害身体健康。

在土壤重金属污染中，镉污染是最突出的。日本有43个地区，7500多万平方米的农田受到了镉的严重污染，1955年日本发生的"痛痛病"，就是因长期用冶炼厂的废水灌溉稻田，致使土壤和稻米含镉量增加，人食用后引起中毒而致病的。

利用微生物
处理废水

由于人类活动形成的大量废水不加任何处理就排入地表水中，导致地表水体发生严重的污染。为了防止水污染，人们必须将排放的各种废水，进行必要的处理，使其无害。

要处理大量的废水可不是一件容易的事情。有一种处理方法非常奇特，就是利用微生物来悄悄吃掉废水中的污染物质。用这种方法处理废水，所用设备简单、投资少、成本低、效率高。

环境科学家通过对某些废水的研究发现，其中的一些污染物恰恰是微生物所需要的营养物质，如废水中的氮、磷等无机元素和大量的有机物等，都是微生物所必需的营养物，如果利用微生物来吃掉它们，岂不是两全其美吗？方法应运而生。这些可以吃掉种类有很多，主要有细菌、真菌、后生动物。

于是，利用微生物处理废水的污染物质、净化废水的微生物藻类、原生动物和一些小型的

　　当水中有充足的氧和有机物时，存在于水中的微生物将大量繁殖，经过一段时间后，就会产生活性污泥，其中繁殖着大量微生物。所以活性污泥就是由许许多多的细菌、真菌、原生动物、部分少量的后生动物等多种微生物组成的一个小小的生态系统。用来处理废水的微生物可根据所处理废水的性质和当地、当时的地理条件以及温度而异。活性污泥的培养也很简单，主要是控制这些微生物的生长温度，供给它们丰富的氧气和营养物质即可。

酸雨的危害

酸雨的危害由来已久，早在19世纪70年代英国科学家罗伯特·史密斯在英国工业城市曼彻斯特发现当地降落的沾满烟尘的黑色雨水带有较强的酸性，他在《化学气候学》中明确指出，工业污染会对雨水的酸度变化产生影响，并第一次将这种酸性降雨定名为"酸雨"。但是，史密斯的重要发现没有引起人们的重视，因为当时工业污染程度很有限，酸雨的危害还不十分明显。

到了20世纪60年代，工业的发展使酸雨出现的次数更频繁，酸雨的酸性更强，危害更大，酸雨问题这才引起全世界的广泛关注。人们才开始对酸雨开展深入细致的研究。

1963年，美国康乃尔大学教授金·林肯斯率人对新罕布什尔州的哈伯河进行考察研究，发现当地降下酸度很高的雨水，淋到皮肤上使人感到蜇得发疼，眼睛等器官更觉得受刺激。1967年，瑞典科学家斯万特欧登在研究了各地降雨情况后首次发表了对酸雨认识的学术论文，指出酸雨对人类来说是一场化学战争，应把酸雨视为危害人类的化学武器。从此，世界各国的科学家和环境部门，把对酸雨的监测、研究和治理列入自己的工作日程。

研究表明：酸雨本质上是雨水中含有多种无机酸和有机酸，绝大部分是硫酸和硝酸，以硫酸为主。硫酸和硝酸的形成，是人类活动造成的大气污染的结果，是人为排放的二氧化硫和氮氧化物转化而成的。

矿山环境的恢复

煤炭、金属及非金属矿等矿山采掘工业，既为人们提供了大量矿产资源，也导致了自然景观的破坏。

采掘工业，特别是露天开采，破坏了原来稳定的土壤和植被，引起水土流失；干涸的尾矿形成了人造"沙漠"，世界各国都有过惨痛的灾害实例。如何使采掘工业破坏的自然景观，恢复到原始状态或可供利用的状态，成为人们普遍关注的问题。而复垦或造地复田，正是解决这一问题的有效措施。

在中国，近年来制定的《环境保护法》《矿产资源法》《土地管理法》等法规，其中均有复垦的条文。

为农业目的而重新利用被破坏的土地，一般采用工程措施和生物措施。对露天采场、尾矿场，用采掘剥离的废物充填平整，再覆盖一层 0.1～2 米厚的土壤层，然后在上面种植植物或农作物，用生物措施改良土壤，恢复土地的自然肥力。

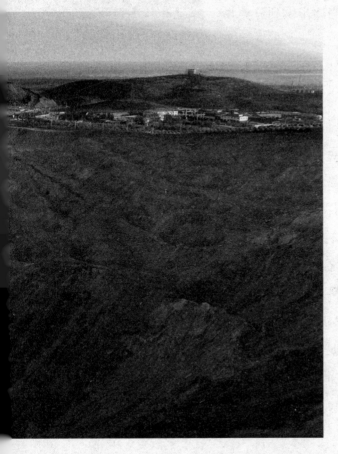

为林业目的而重新利用被破坏的土地，一般采用工程措施。通常对矿石场、废石场进行平整工程，在露天采矿场修建梯田，然后覆盖土壤，种植树木。

为渔业目的而重新利用被破坏的土地，是在具备良好的水文地质和蓄水条件，以及具有适合养鱼水质的露天采场或采煤塌陷地，建设起水库，进行蓄水养鱼。

实现垃圾资源化

国家对城市垃圾污染和垃圾处理十分重视，并从一系列法律、法规和政策上加以规划。如在 1996 年 4 月 1 日施行的《中华人民共和国固体废物污染环境防治法》，以及 1992 年国务院颁布实施的《城市市容和环境卫生管理条例》中，都明确提出了城市生活垃圾应当逐步做到分类收集、贮存、运输和处置。

城市垃圾的处置是一项社会化系统工程，它涉及市政、城建、计划、经贸、土地、运输、科研等部门，同时又涉及每个家庭。只有各方面共同努力，才能实现城市垃圾"减量化、资源化和无害化"的目的，为实现可持续发展战略做出贡献。

转变生活垃圾消费方式，实现垃圾分类回收，促进垃圾资源化。生活垃圾消费方式，不仅包括生活资料消费过程，而且也应包括消费滞后如何对废弃物进行处置的过程。垃圾分类回收是实现垃圾资源化的前提。我们应该借鉴国外许多有效经验，改变生活垃圾、废旧物品随处乱扔等不良生活习惯，实行生活垃圾的分类存放和合理回收、利用，为综合利用创造条件，促进生活垃圾的资源化。

垃圾资源化是一项非常复杂的社会化系统工程，它需要全社会的配合及国民素质的提高，需要配套的法律手段、经济政策的支持。通过宣传教育，全面提高全民的"资源意识""环境意识"，转变生活消费方式，实行垃圾分类存放。

绿色照明工程

"**绿**色照明"是 20 世纪 90 年代初期出现的一种照明新观念，是国际上采用节约电能、保护环境的照明系统的形象说法。绿色是指推广应用节能高效电光源和环境调节系统，建立起一个优质高效、经济舒适，既有益环保，又能够改善人民生活质量的照明环境。

绿色照明工程的目的是要先在我国城市推广高效照明器具，逐步替代传统的低效照明电光源。传统电光源就是白炽灯、电感式镇流器等，成本虽低，但能耗大，发光效率差，尤其是电感式镇流器，能耗高、噪声大。电压较低时灯管难以启动，灯管正常发光时会产生"频闪"，使人的眼睛容易疲劳，甚至造成近视。绿色照明工程倡导以节能高质灯、紧凑型节能荧光灯、细管节能荧光灯及其电子镇流器等新光源替代传统光源。电子镇流器集强电、微电子、电真空和光学技术于一身，不但自身耗电减少30%，而且无噪音、无"频闪"，寿命能够延长 6 倍之多。

另外，环境调光也是节约照明耗电的一个重要途径。环境调光是通过对照明的光亮度控制，合理分配使用各种光源，达到最佳光效应和光效率。如果建筑物的自然采光好，照明的亮度就可以适度调低；技术人员在制图时需要明亮的照明，照明亮度可以适度调高；操作电脑时，背景光源最好要调暗，以减轻光对眼睛的刺激。因此环境调光就是要营造出与实际需要相适应的布光环境，同时还能节约能源。

用微生物治理废水

自然界的水体，可能被各种污染源污染，使其成为废水，例如，工业废水、生活废水等。环境专家们巧妙地采用一种新的方法，来处理各种废水，这就是采用微生物去吃掉废水中的污染物质。

废水中的污染物质，有些是微生物所需要的营养，例如，废水中的氮、磷等无机元素，以及大量的有机物，是微生物所必需的营养。因此，用微生物来处理废水，可以说是一举两得的事情。这些可以吃掉污染物质、

活性污泥

净化废水的微生物主要有细菌、真菌、藻类、原生动物和一些小型的后生动物，这些微生物在不断地生长和繁殖过程中需要大量的能源——碳和其他无机元素，碳的主要来源就是二氧化碳和有机物。主要看微生物是哪一类，如果是"自养型"微生物，可以通过自身呼吸二氧化碳来获得能量，自己养活自己，因此得名"自养型"；如果是"异养型"微生物，则可以吃掉大量的有机物，通过有机物

在体内的分解转化来补充碳源。

　　在环境保护工作者处理废水以前，需要做的工作就是人工培养"活性污泥"，活性污泥是由许多细菌、真菌、原生动物、部分少量的后生动物等多种微生物群体组成的一个小小的生态系统。在培养过程中，主要是控制这些微生物的生长温度，供给它们丰富的营养物质和氧气，创造各种各样有利于微生物生长繁殖的良好条件。